学ぶ人は、
変えて
ゆく人だ。

目の前にある問題はもちろん、

人生の問いや、

社会の課題を自ら見つけ、

挑み続けるために、人は学ぶ。

「学び」で、

少しずつ世界は変えてゆける。

いつでも、どこでも、誰でも、

学ぶことができる世の中へ。

旺文社

落とせない入試問題 理科

三訂版

旺文社

CONTENTS

◎ 物理分野

光の反射・屈折 …… 8
凸レンズのはたらき …… 10
音の性質 …… 12
電流・電圧と抵抗，電流のはたらき …… 14
電流がつくる磁界，
磁界の中の電流が受ける力 …… 16
電磁誘導と発電，静電気 …… 18
力のはたらき，水圧と浮力 …… 20
力と運動① …… 22
力と運動② …… 24
仕事 …… 26
力学的エネルギーの保存 …… 28

◎ 化学分野

気体の発生と性質 …… 30
水溶液の性質 …… 32
状態変化 …… 34
物質の分解 …… 36
物質どうしが結びつく化学変化 …… 38
酸化と還元 …… 40
化学変化と質量の保存 …… 42
質量変化の規則性 …… 44
水溶液とイオン …… 46
酸・アルカリとイオン …… 48

◎ 科学技術と人間

エネルギー資源 …… 50

◎ 生物分野

花のつくりとはたらき …… 52
植物のなかま …… 54
動物のなかま …… 56
葉・茎・根のつくりとはたらき …… 58
光合成と呼吸 …… 60
生命を維持するはたらき …… 62
刺激と反応 …… 64
生物と細胞，細胞分裂と生物の成長 …… 66
生物のふえ方，遺伝，進化 …… 68

◎ 地学分野

火山活動と火成岩 …… 70
地震の伝わり方と地球内部のはたらき …… 72
地層の重なりと過去のようす …… 74
圧力と大気圧 …… 76
霧や雲の発生 …… 78
前線の通過と天気の変化，日本の天気 …… 80
日周運動と自転 …… 82
年周運動と公転 …… 84
太陽のようす …… 86
惑星と恒星 …… 88
月の運動と見え方 …… 90

◎ 自然と人間

自然界のつり合い …… 92
自然環境の調査と環境保全 …… 94

スタッフ
編集協力／下村良枝
校正／田中麻衣子　出口明憲　平松元子
写真提供／OPO ● 本文・カバーデザイン／伊藤幸恵
巻頭イラスト／栗生ゑゐこ

本書の効果的な使い方

本書は，各都道府県の教育委員会が発表している公立高校入試の設問別正答率（一部得点率）データをもとに，受験生の50%以上が正解した問題を集めた画期的な一冊。落とせない基本的な問題ばかりだからしっかりとマスターしておこう。

出題傾向を知る

まずは，最近の入試出題傾向を分析した記事を読んで「正答率50%以上の落とせない問題」とはどんな問題か，またその対策をチェックしよう。

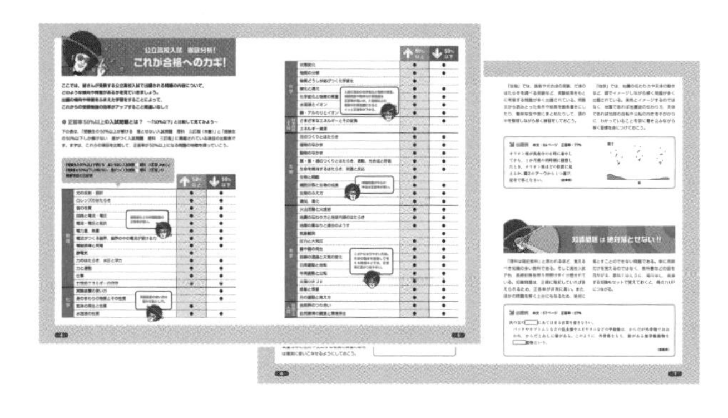

例題で要点を確認する

出題傾向をもとに，例題と入試に必要な重要事項，答えを導くための実践的なアドバイスを掲載。得点につながるポイントをおさえよう。

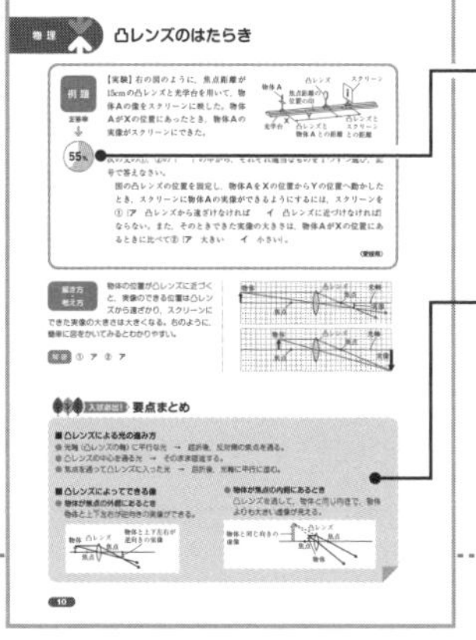

すべての問題に正答率が表示されています（都道府県によっては抽出データを含みます）。

入試によく出る項目の要点を解説しています。

STEP 3

問題を解いて鍛える

「実力チェック問題」には入試によく出る，正答率が50%以上の問題を厳選。不安なところがあれば，別冊の解説や要点まとめを見直して，しっかりマスターしよう。

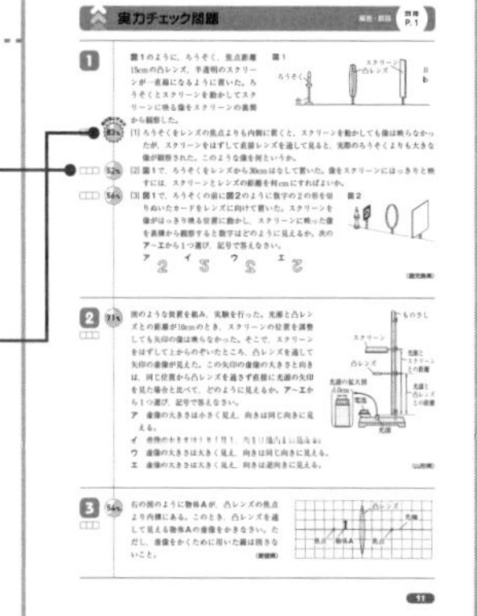

設問ごとにチェックボックスがついています。

多くの受験生が解けた，正答率80%以上の問題には，「絶対落とすな!!」のマークがついています。

本書がマスターできたら…

正答率50%以下の問題でさらに得点アップをねらおう！

『受験生の50%以下しか解けない 差がつく入試問題 ● 理科［三訂版］』

本冊 96頁・別冊 24頁　定価 990円（本体900円+税10%）

公立高校入試　徹底分析！
これが合格へのカギ！

ここでは，皆さんが受験する公立高校入試で出題される問題の内容について，
どのような傾向や特徴があるかを見ていきましょう。
出題の傾向や特徴をふまえた学習をすることによって，
これからの受験勉強の効率がアップすること間違いなし!!

● 正答率50%以上の入試問題とは？　～「50%以下」と比較して見てみよう～

下の表は，「受験生の50%以上が解ける　落とせない入試問題　理科　三訂版（本書）」と「受験生の50%以下しか解けない　差がつく入試問題　理科　三訂版」に掲載されている項目の比較表です。まずは，これらの項目を比較して，正答率が50%以上になる問題の特徴を探っていこう。

「受験生の50%以上が解ける　落とせない入試問題 ● 理科　三訂版（本書）」と
「受験生の50%以下しか解けない　差がつく入試問題 ● 理科　三訂版」の
掲載項目の比較表

		50%以上	50%以下
物理	光の反射・屈折	●	●
	凸レンズのはたらき	●	●
	音の性質	●	●
	回路と電流・電圧	●	●
	電流・電圧と抵抗	●	●
	電力量，熱量	●	●
	電流がつくる磁界，磁界の中の電流が受ける力	●	●
	電磁誘導と発電	●	●
	静電気	●	
	力のはたらき，水圧と浮力	●	●
	力と運動	●	●
	仕事	●	●
	力学的エネルギーの保存	●	●
化学	実験装置の使い方		●
	身のまわりの物質とその性質		●
	気体の発生と性質	●	
	水溶液の性質	●	●

回路図などの作図問題の正答率が低い。

実験装置の使い方は意外な落とし穴。

分野	単元	50%以上	50%以下
化学	状態変化	●	●
	物質の分解	●	●
	物質どうしが結びつく化学変化	●	
	酸化と還元	●	●
	化学変化と物質の質量	●	●
	水溶液とイオン	●	●
	酸・アルカリとイオン	●	●
科学技術と人間	さまざまなエネルギーとその変換		●
	エネルギー資源	●	
生物	花のつくりとはたらき	●	●
	植物のなかま	●	●
	動物のなかま	●	●
	葉・茎・根のつくりとはたらき，蒸散，光合成と呼吸	●	●
	生命を維持するはたらき，刺激と反応	●	●
	生物と細胞	●	
	細胞分裂と生物の成長	●	●
	生物のふえ方	●	●
	遺伝，進化	●	●
地学	火山活動と火成岩	●	●
	地震の伝わり方と地球内部のはたらき	●	●
	地層の重なりと過去のようす	●	●
	気象観測		●
	圧力と大気圧	●	●
	霧や雲の発生	●	●
	前線の通過と天気の変化	●	●
	日周運動と自転	●	●
	年周運動と公転	●	●
	太陽のようす	●	●
	惑星と恒星	●	●
	月の運動と見え方	●	●
自然と人間	自然界のつり合い	●	●
	自然環境の調査と環境保全	●	●

入試に頻出の化学変化と物質の質量。知識問題や簡単な計算問題は正答率が高いが，２段階以上の複雑な計算問題になるとぐっと正答率が下がる。

知識問題が中心の単元は正答率が高い。

ニガテになりやすい天体。天体の動きを想像して考える問題などでは，正答率に差がつきやすい。

各分野からまんべんなく出題されるぞ！ニガテな分野はつくらないようにしよう！

右の出題分野の割合を見るとわかるように，理科の高校入試では，「物理」，「化学」，「生物」，「地学」の４分野からほぼ均等に出題されている。各分野ごとに出題傾向を見てみても，出題単元に偏りはない。そのため，どの分野もまんべんなく対策をし，ニガテな単元をつくらないようにする必要がある。また，出題数は少ないが「科学技術と人間・自然と人間」の内容も，小問集合や融合問題などとして出題されているので，必ず対策しておくこと。

※データは，2022 年に実施された全国の公立入試問題について，旺文社が独自に調べたものです。

〈分野別　出題数の割合〉

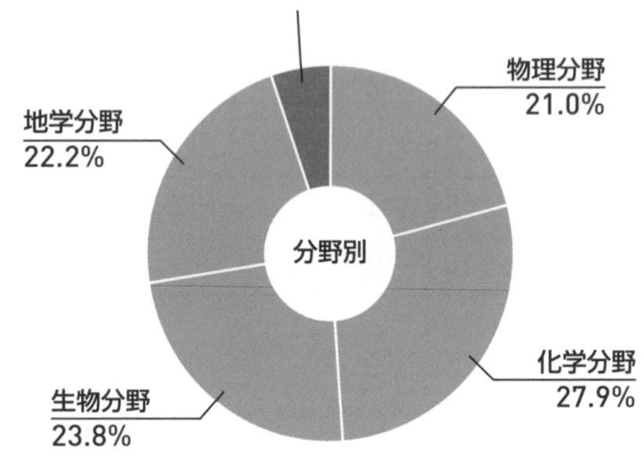

各分野でどのような問題が出るかしっかりおさえることが大切だ！

「物理」では，オームの法則を使って計算する問題や，光の道すじや力の矢印などを作図する問題が多く出題されている。オームの法則を使って計算するには，回路のきまりについて理解できていることが必須となる。まずは基礎知識を固め，できるだけたくさんの問題を解いておこう。また，入試によく出る作図のパターンは限られているので，ポイントをおさえて作図する練習をしておこう。

「化学」では，実験操作の理由を問う問題や，化学変化のきまりを使って計算する問題が多く出題されている。教科書に出ている実験については，目的や操作の意味まで理解しておこう。また，すべての化学変化の基礎である，質量保存の法則や反応する物質の質量の割合は確実に使いこなせるようにしておこう。

出題例　本文：11ページ　正答率：54%

下の図のように物体Aが，凸レンズの焦点より内側にある。このとき，凸レンズを通して見える物体Aの虚像をかきなさい。ただし，虚像をかくために用いた線は消さないこと。　〈愛媛県〉

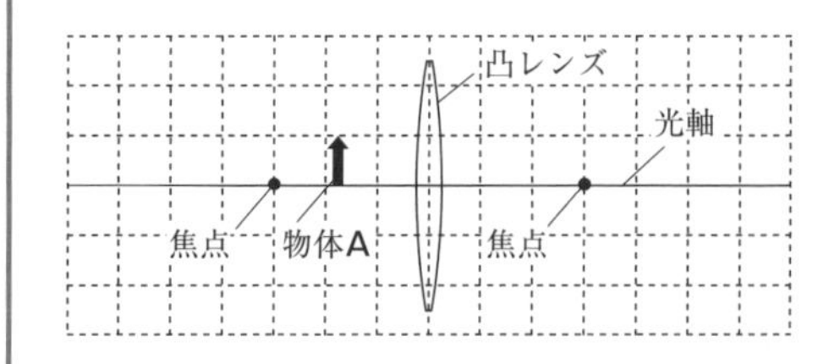

「生物」では，蒸散や光合成の実験，だ液のはたらきを調べる実験など，実験結果をもとに考察する問題が多く出題されている。問題文から読みとった条件や結果を箇条書きにしたり，簡単な図や表にまとめたりして，頭の中を整理しながら解く練習をしておこう。

「地学」では，地震の伝わり方や天体の動きなど，頭でイメージしながら解く問題が多く出題されている。漠然とイメージするのではなく，地震であれば地震波の伝わり方，天体であれば地球の自転や公転の向きを手がかりに，わかっていることを図に書き込みながら解く習慣を身につけておこう。

出題例　**本文：84ページ　正答率：77%**

オリオン座が真夜中の0時に南中してから，1か月後の同時刻に観察したとき，オリオン座はどの位置に見えるか。**図2のア～ウ**から1つ選び，記号で答えなさい。　〈岐阜県〉

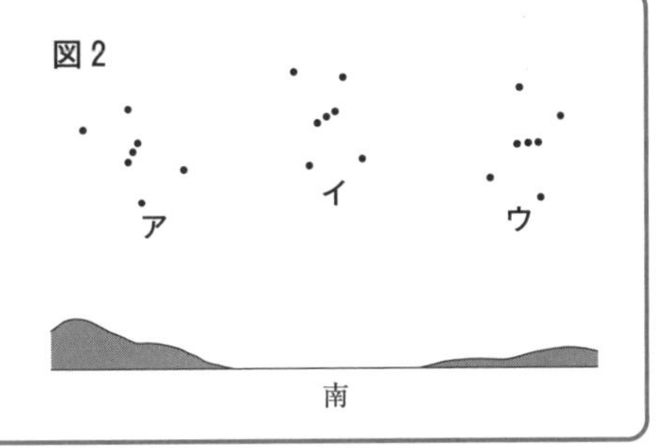

知識問題は絶対落とせない!!

「理科は暗記教科」と言われるほど，覚えるべき知識の多い教科である。そして高校入試でも，基礎知識を問う問題は多く出題されている。知識問題は，正確に暗記していれば答えられるため，正答率が非常に高い。また，ほかの問題を解く土台にもなるため，絶対に落とすことのできない問題である。単に用語だけを覚えるのではなく，教科書などの図を見ながら，意味やはたらき，場所など，関連する知識もセットで覚えておくと，得点力UPにつながる。

出題例　**本文：57ページ　正答率：87%**

次の文の［　　　］にあてはまる言葉を書きなさい。

バッタやカブトムシなどの昆虫類やエビやカニなどの甲殻類は，からだが外骨格でおおわれ，からだとあしに節がある。このように，外骨格をもち，節がある無脊椎動物を［　　　］動物という。

〈福島県〉

物理

光の反射・屈折

例題

正答率

(2) 52%

(3) 61%

〔1〕**図1**のように，空気中から水中に向けて光を当てた。そのときの光の進む道すじはどれか。〈宮城県〉

図1

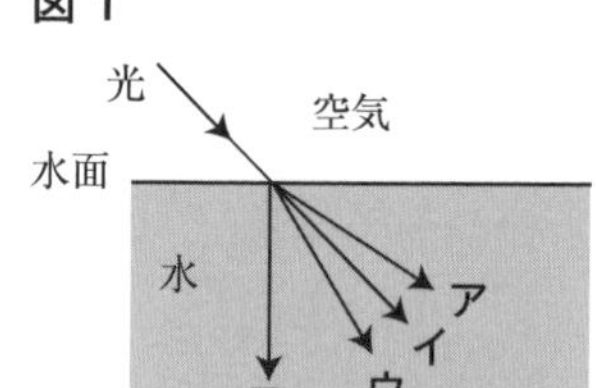

〔2〕光の反射の法則を「光が反射するとき」という書き出しで説明しなさい。〈長崎県〉

〔3〕半円形レンズの平らな面の中心O点に向かって水平な方向から光源装置の光を当てた。**図2**は，半円形レンズをある角度だけ回転させたときの，反射した光を真上から観察したようすである。次の文の（　　）に適語を入れ，文を完成させなさい。

図2

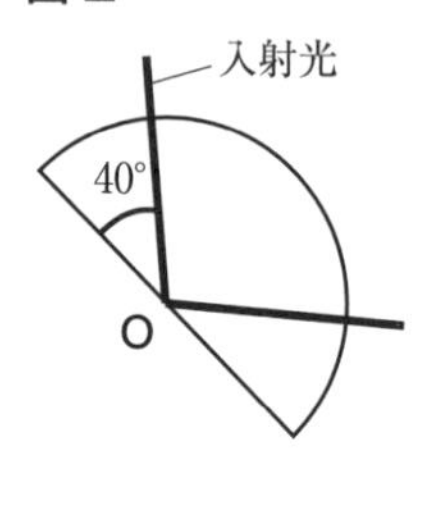

> 半円形レンズに入射した光は，O点から外に出ることはなかった。この現象を（　　）という。これを応用したものが（　　）であり，光通信のケーブルなどに利用されている。

〈長崎県〉

解き方・考え方

〔1〕空気中から水中に光が進むとき，光は境界面で入射角＞屈折角　となるように屈折して進む。

〔2〕光の反射の法則とは，「光が反射するとき，入射角と反射角は等しい」というものである。この問題では，書き出しを『光が反射するとき』とするように指示があることに注意して文章を書くこと。

〔3〕水中やガラス中から空気中へ向けて光を当てたとき，入射角が一定の大きさよりも大きくなると，光は境界面から外に出ず，すべて境界面で反射するようになる。このような現象を全反射という。全反射を応用したものには光ファイバーがある。

解答　**〔1〕ウ　〔2〕（例）（光が反射するとき）入射角と反射角の大きさは等しい。**
〔3〕全反射，光ファイバー

入試必出！要点まとめ

■ 光の反射の法則

- 光が反射するとき，入射角と反射角の大きさは等しい。（入射角＝反射角）

■ 光の屈折

- 境界面に垂直に入射する光はそのまま直進し，ななめに入射する光は境界面で曲がる。
- **光が空気中から水中（ガラス中）に進むとき**
  入射角＞屈折角
- **光が水中（ガラス中）から空気中に進むとき**
  入射角＜屈折角

■ 全反射

- 入射角がある一定の大きさよりも大きくなったとき，光がすべて境界面で反射して，外に出てこなくなる現象。

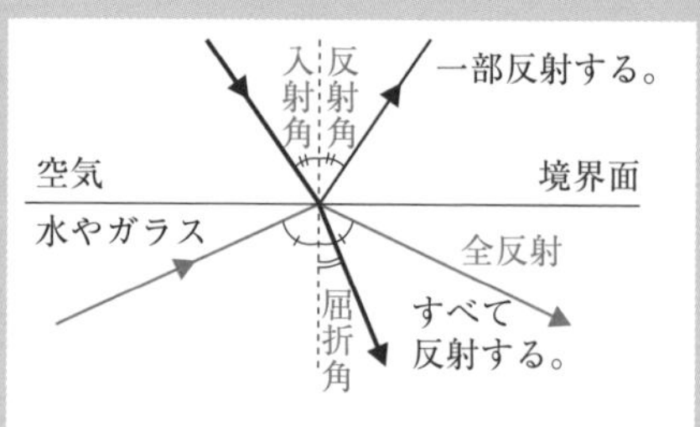

実力チェック問題

解答・解説 別冊 P. 1

1

反射について調べるために，**図1**のようにコーヒーカップと鏡を使い，鏡に映る像を調べた。**図2**は，これを真上から見たときの模式図である。次の問いに答えなさい。

図1

50%

(1) **図2**の**b**点から鏡を見ると，コーヒーカップの**a**点は鏡のどの位置に映るか。図の中に•で示しなさい。ただし，**a**点と**b**点は同じ高さにあるものとする。

図2

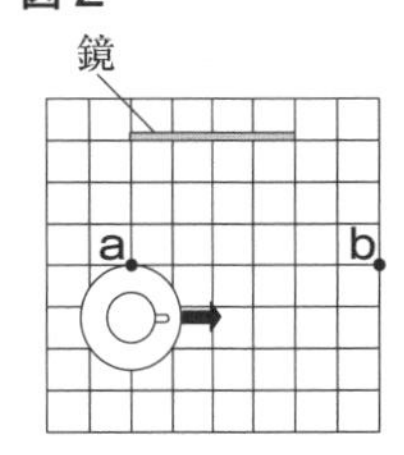

60%

(2) 鏡とコーヒーカップの位置が**図2**のような関係にあるとき，ある位置から鏡を見ると，**図3**のようにコーヒーカップが見えた。見る位置を変えずにコーヒーカップを**図2**の矢印の向きにずらすと，コーヒーカップは，鏡にどのように映るか。次の**ア**～**エ**から1つ選び，記号で答えなさい。

ア  **イ**  **ウ**  **エ**

図3

63%

(3) 矢印をかいた紙の上に直方体のガラスを置き，斜め左から見たところ，**図4**のように矢印がずれて見えた。このことから，光はガラスの中を通るとき，どのように進むと考えられるか。**ア**～**エ**から1つ選び，記号で答えなさい。

図4

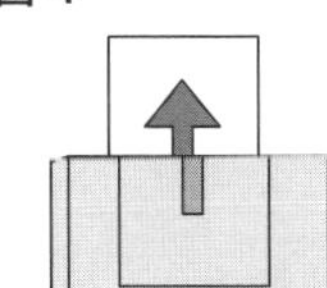

ア **イ** 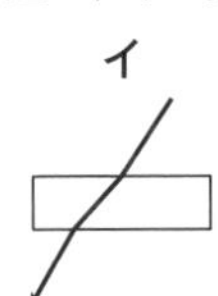 **ウ** 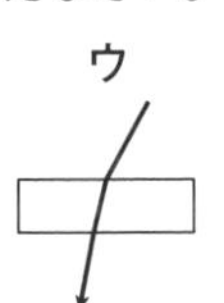 **エ** 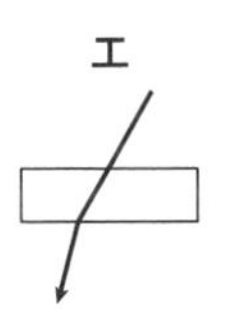

51%

(4) 光の屈折がおもな原因で起こる現象にはどのようなものがあるか，ガラスによる屈折以外の例を1つ書きなさい。

〈山梨県〉

2

53%

水平な床に垂直に立てた幅2m，高さ1.5mの鏡の斜め前に，長さ1mの細い棒を床に垂直に立て，その上に小さな丸い玉をつけた。図は，そのようすを真上から見たように示した図である。また，この図におけるマス目は正方形で，一辺の長さが1mとなるように表してある。観察者が**A**，**B**，**C**，**D**，**E**，**F**の位置に移動して鏡を見たとき，丸い玉を鏡で観察することができるのはどこか。次の**ア**～**エ**から1つ選び，記号で答えなさい。ただし，観察者の目の高さは，丸い玉と同じ高さとする。

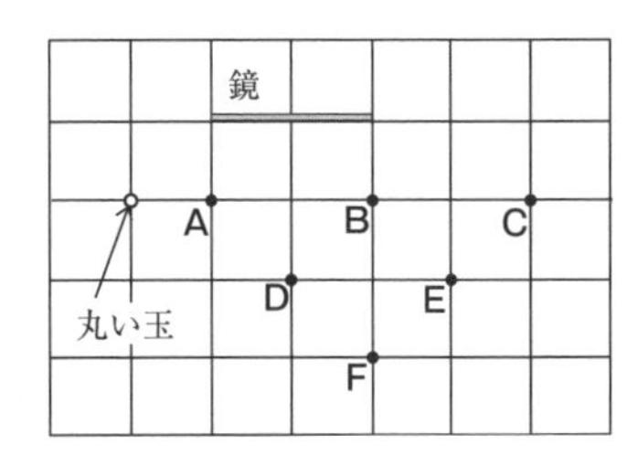

ア　A，D，Fの3か所　　**イ**　B，C，Eの3か所
ウ　B，D，Fの3か所　　**エ**　B，E，Fの3か所

〈神奈川県〉

物理

凸レンズのはたらき

例題

正答率 55%

【実験】右の図のように，焦点距離が15cmの凸レンズと光学台を用いて，物体Aの像をスクリーンに映した。物体AがXの位置にあったとき，物体Aの実像がスクリーンにできた。

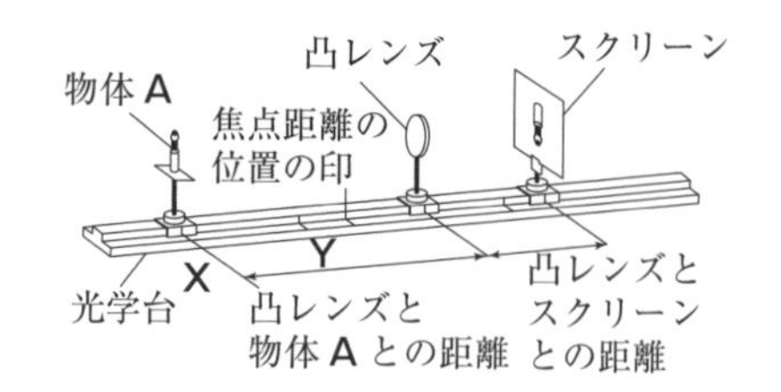

次の文の①，②の｛　　｝の中から，それぞれ適当なものを1つずつ選び，記号で答えなさい。

図の凸レンズの位置を固定し，物体AをXの位置からYの位置へ動かしたとき，スクリーンに物体Aの実像ができるようにするには，スクリーンを①｛ア　凸レンズから遠ざけなければ　　イ　凸レンズに近づけなければ｝ならない。また，そのときできた実像の大きさは，物体AがXの位置にあるときに比べて②｛ア　大きい　　イ　小さい｝。

〈愛媛県〉

解き方・考え方　物体の位置が凸レンズに近づくと，実像のできる位置は凸レンズから遠ざかり，スクリーンにできた実像の大きさは大きくなる。右のように，簡単に図をかいてみるとわかりやすい。

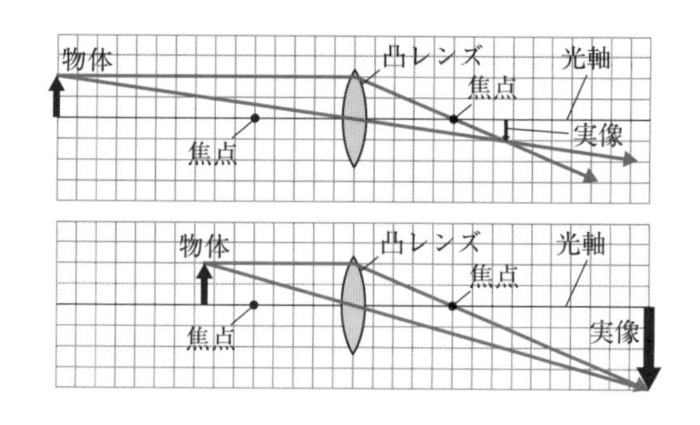

解答　①　ア　②　ア

入試必出！ 要点まとめ

■ 凸レンズによる光の進み方

- 光軸（凸レンズの軸）に平行な光　→　屈折後，反対側の焦点を通る。
- 凸レンズの中心を通る光　→　そのまま直進する。
- 焦点を通って凸レンズに入った光　→　屈折後，光軸に平行に進む。

■ 凸レンズによってできる像

- **物体が焦点の外側にあるとき**
  物体と上下左右が逆向きの実像ができる。

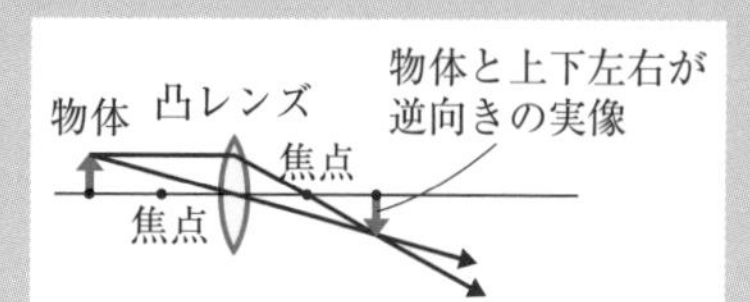

- **物体が焦点の内側にあるとき**
  凸レンズを通して，物体と同じ向きで，物体よりも大きい虚像が見える。

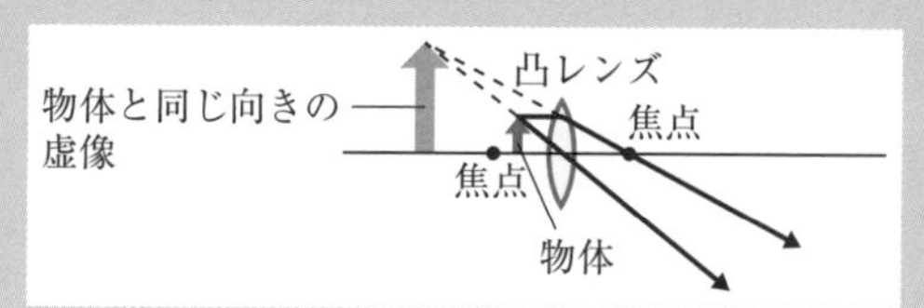

実力チェック問題

解答・解説 別冊 P. 1

1

図 1 のように，ろうそく，焦点距離15cmの凸レンズ，半透明のスクリーンが一直線になるように置いた。ろうそくとスクリーンを動かしてスクリーンに映る像をスクリーンの裏側から観察した。

図 1

ろうそく　台　凸レンズ　スクリーン　目

絶対落とすな!! 83%

(1) ろうそくをレンズの焦点よりも内側に置くと，スクリーンを動かしても像は映らなかったが，スクリーンをはずして直接レンズを通して見ると，実際のろうそくよりも大きな像が観察された。このような像を何というか。

52%

(2) **図 1** で，ろうそくをレンズから30cmはなして置いた。像をスクリーンにはっきりと映すには，スクリーンとレンズの距離を何cmにすればよいか。

56%

(3) **図 1** で，ろうそくの前に**図 2** のように数字の2の形を切りぬいたカードをレンズに向けて置いた。スクリーンを像がはっきり映る位置に動かし，スクリーンに映った像を裏側から観察すると数字はどのように見えるか。次の**ア**～**エ**から1つ選び，記号で答えなさい。

図 2

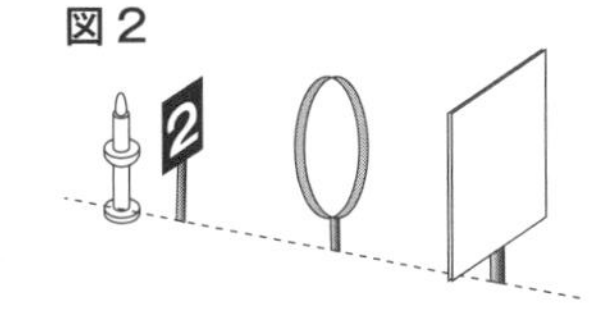

ア　**イ**　**ウ**　**エ**

〈鹿児島県〉

2

71%

図のような装置を組み，実験を行った。光源と凸レンズとの距離が10cmのとき，スクリーンの位置を調整しても矢印の像は映らなかった。そこで，スクリーンをはずして上からのぞいたところ，凸レンズを通して矢印の虚像が見えた。この矢印の虚像の大きさと向きは，同じ位置から凸レンズを通さず直接に光源の矢印を見た場合と比べて，どのように見えるか。**ア**～**エ**から1つ選び，記号で答えなさい。

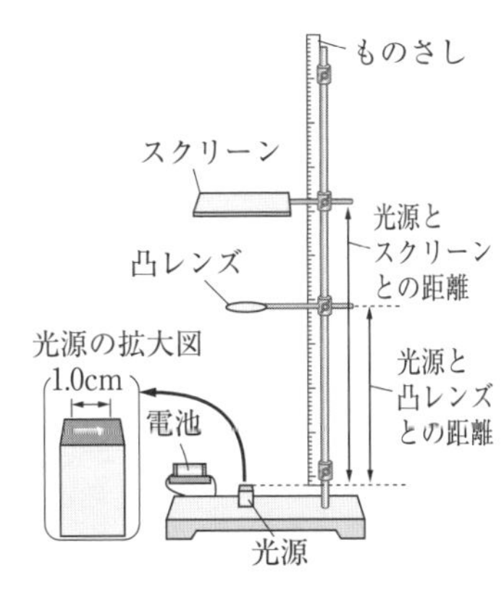

ア　虚像の大きさは小さく見え，向きは同じ向きに見える。

イ　虚像の大きさは小さく見え，向きは逆向きに見える。

ウ　虚像の大きさは大きく見え，向きは同じ向きに見える。

エ　虚像の大きさは大きく見え，向きは逆向きに見える。

〈山形県〉

3

54%

右の図のように物体**A**が，凸レンズの焦点より内側にある。このとき，凸レンズを通して見える物体**A**の虚像をかきなさい。ただし，虚像をかくために用いた線は消さないこと。

〈愛媛県〉

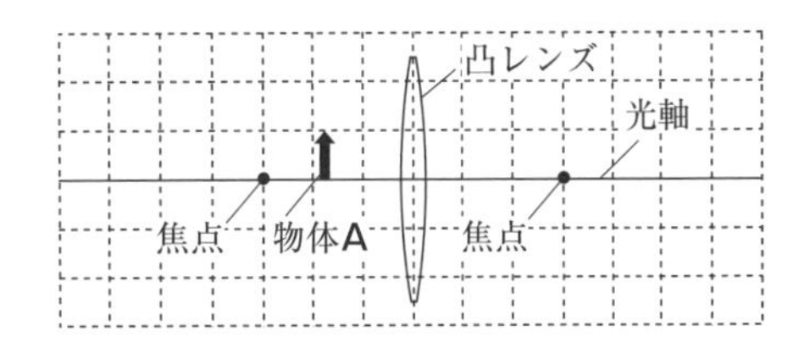

音の性質

例題

【実験】右の図のようなモノコードを用いて，弦をはじいたときに出る音の大きさや高さについて調べた。

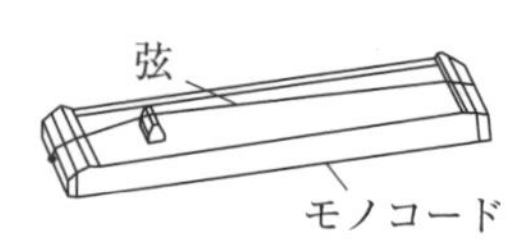

正答率

(1) 次の文の①～③の｛　　｝の中から，それぞれ適当なものを1つずつ選び，その記号を書きなさい。

実験で，音の大きさは，モノコードの弦を強くはじくほど①｛**ア**　大きく　　**イ**　小さく｝なった。また，音の高さは，弦の振動する部分の長さを長くするほど②｛**ア**　高く　　**イ**　低く｝なり，弦を強く張るほど③｛**ア**　高く　　**イ**　低く｝なった。

(2) 空気中を伝わる音の速さが340m/sのとき，音が空気中を850m伝わるのにかかる時間は何秒か。

〈愛媛県〉

解き方・考え方

(1)　音の大きさは振幅によって決まり，振幅が大きいほど大きな音になる。弦を強くはじくと振幅が大きくなるので，音は大きくなる。また，音の高さは振動数によって決まり，振動数が多いほど高い音になる。弦の振動する部分を長くすると振動数は少なくなるので，音は低くなる。弦を強く張ると振動数は多くなるので，音は高くなる。

(2)　$音が伝わる時間〔s〕=\dfrac{音が伝わる距離〔m〕}{音の速さ〔m/s〕}$

で求められる。よって，$\dfrac{850\text{m}}{340\text{m/s}}=2.5\text{s}$

解答　**(1) ①　ア　②　イ　③　ア**
(2) 2.5秒

入試必出！　要点まとめ

■ 音の伝わり方

- 空気中を波となってまわりへ伝わっていく。
- 気体，液体，固体などはすべて音を伝える。
- 真空中では音を伝える物質がないので伝わらない。
- $音の速さ〔m/s〕=\dfrac{音が伝わる距離〔m〕}{音が伝わる時間〔s〕}$
- 空気中では，約340m/sの速さで伝わる。

■ 振幅と振動数

- **振幅**…物体の振動の振れ幅。
- **振動数**…一定時間（1秒間）に振動する回数。

■ 音の大きさと高さ

- 音の大きさは，振幅によって決まる。
振幅㊅→大きい音，振幅㊇→小さい音
- 音の高さは，振動数によって決まる。
振動数㊝→高い音，振動数㊞→低い音

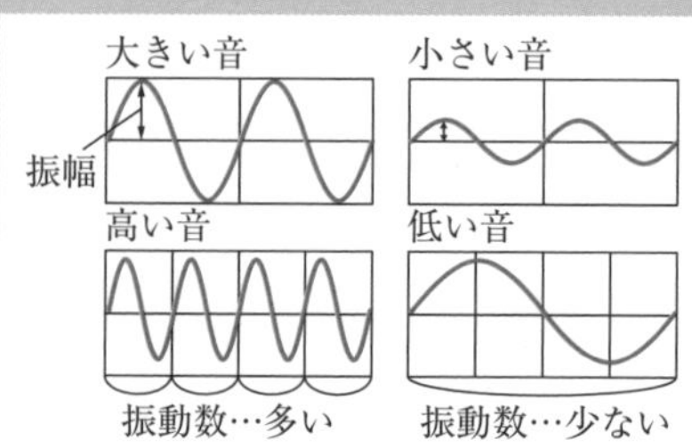

実力チェック問題

解答・解説 別冊 P. 1

1

琴美さんは，**図1**のように空き箱に弦を張ってモノコードをつくり，コンピュータで音のようすを調べた。次の問いに答えなさい。

図1

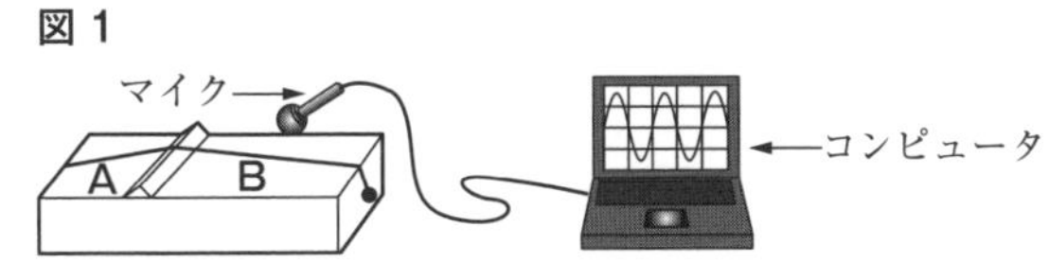

ただし，音のようすを表している図（**図3**，**図5**，**ア**～**エ**）は，縦軸が音の大きさ，横軸が時間を表し，目もりのとり方はすべて同じものとする。

絶対落とすな!! 84%

(1) **図2**は，弦の右側（**B**側）の中央部分をはじいた直後に観察された弦の振幅を表し，**図3**はこのときコンピュータで調べた音のようすを表している。音のようすが**図5**で表される場合には，弦の振幅は，どのようになると考えられるか。**図2**を参考にして，**図4**にかき入れなさい。ただし，**図4**中の◯は，**図2**のときの振幅を表している。

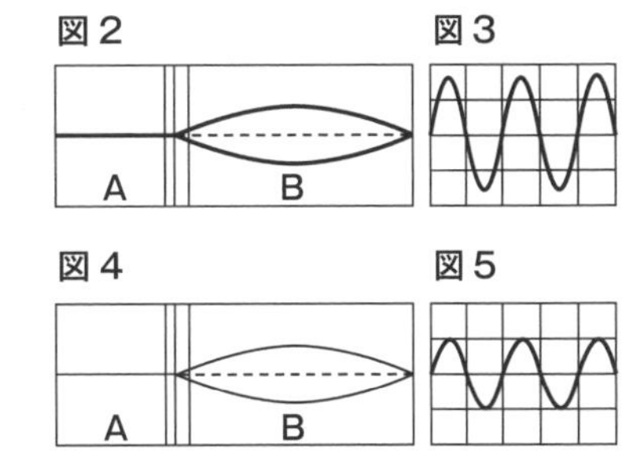

絶対落とすな!! 80%

(2) 弦の左側（**A**側）の中央部分をはじいたとき，音のようすはどのようになると考えられるか。**ア**～**エ**から最も適当なものを1つ選び，記号で答えなさい。ただし，弦を張っている強さは，**A**側も**B**側も等しく，弦の長さは**B**側に比べて**A**側のほうが短いものとする。

ア

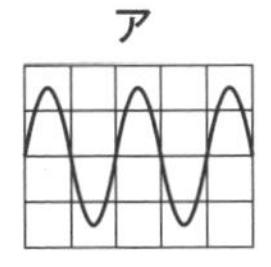

イ

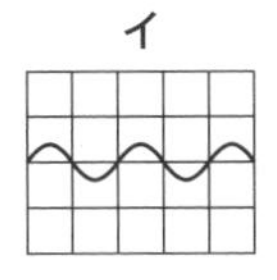

ウ

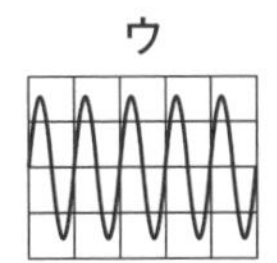

エ

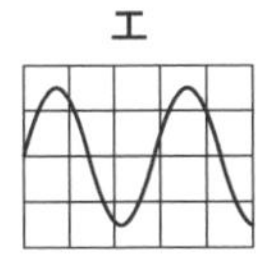

〈山梨県〉

2

【実験】右の図の装置で，容器の中の空気を簡易真空ポンプでぬいていくと，ブザーの音が小さくなった。次に，ピンチコックをゆるめ，空気を入れると，ブザーの音が大きくなった。

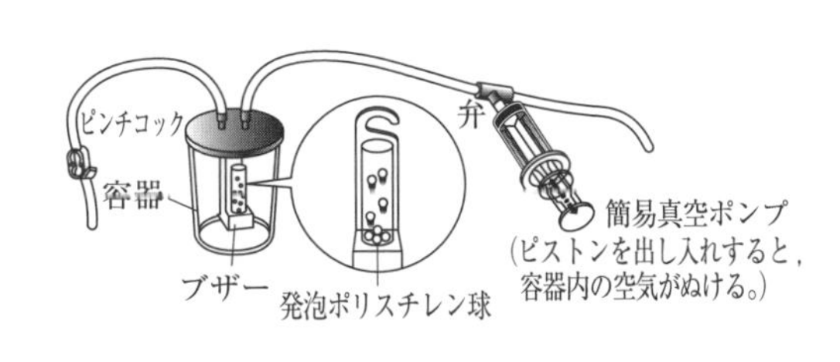

【観察】打ち上げ花火の光が見えてから，音が聞こえるまでの時間を測定した。

79%

(1) 実験から考えられることは何か。「音」，「空気」という言葉を使って書きなさい。

55%

(2) 図の発泡ポリスチレン球によって，何がわかるか。**ア**～**ウ**から1つ選びなさい。

ア　音が聞こえるかどうかがわかる。

イ　空気があるかどうかがわかる。

ウ　ブザーが作動しているかどうかがわかる。

78%

(3) 観察の結果，4.0秒であった。音の速さを340m/sとして，花火の光ったところから音を聞いたところまでの距離を求めなさい。ただし，単位はmとする。

〈宮崎県〉

電流・電圧と抵抗，電流のはたらき

例題

正答率

絶対落とすな!!
(1) 85%
(2) 51%

右の図のように，電熱線aを用いて回路をつくり，電圧と電流を調べたところ，下の表の結果が得られた。これについて，あとの問いに答えなさい。

電圧〔V〕	0	0.8	1.2	2.0
電流〔mA〕	0	20	30	50

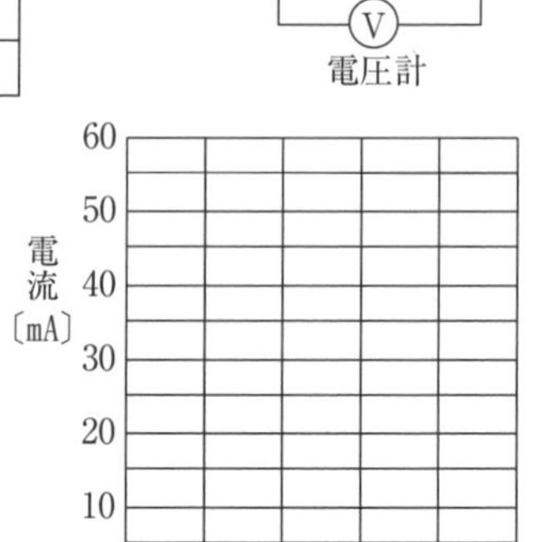

(1) この表をもとにして，電圧と電流の関係を表すグラフをかきなさい。

(2) 電熱線aの電気抵抗は何Ωか，求めなさい。

〈新潟県〉

解き方・考え方

(1) 表の値をそのまま・で印し，原点を通る直線で結ぶ。

(2) オームの法則より，

抵抗〔Ω〕$=\dfrac{電圧〔V〕}{電流〔A〕}$ となり，$\dfrac{2.0V}{0.05A}=40\,\Omega$

オームの法則を使って計算するときは，電流の単位をA（アンペア）に変換しなければならないことに注意。

解答 (1) 右図 (2) 40 Ω

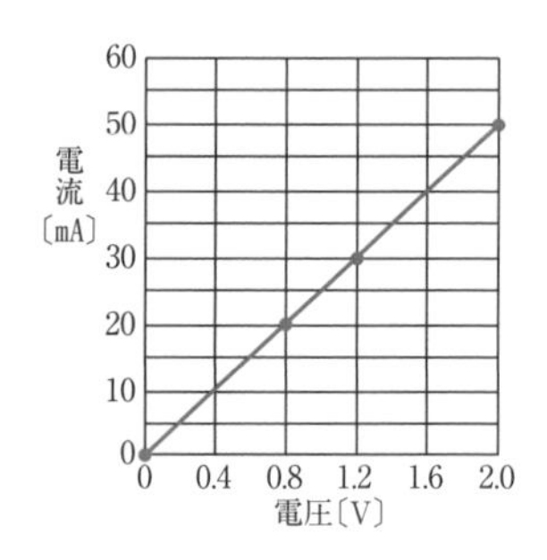

入試必出！ 要点まとめ

■ オームの法則

● 電圧〔V〕＝抵抗〔Ω〕×電流〔A〕

■ 電力と電力量

● 電力〔W〕＝電圧〔V〕×電流〔A〕

● 電力量〔J〕＝電力〔W〕×時間〔s〕

■ 直列回路と並列回路

	直列回路	並列回路
回路図		
電流	回路を流れる電流の大きさは，どこも同じ。	枝分かれする前の電流の大きさは，枝分かれしたあとの電流の大きさの和に等しい。
電圧	各電熱線に加わる電圧の和は，電源の電圧に等しい。	各電熱線に加わる電圧は，電源の電圧に等しい。
回路全体の抵抗	各電熱線の抵抗の大きさの和に等しい。	各電熱線の抵抗の大きさよりも小さくなる。

実力チェック問題

解答・解説 別冊 P. 2

1

電熱線**X**，**Y**，**Z**の抵抗の大きさは，それぞれ2Ω，4Ω，6Ωである。あとの問いに答えなさい。

図1

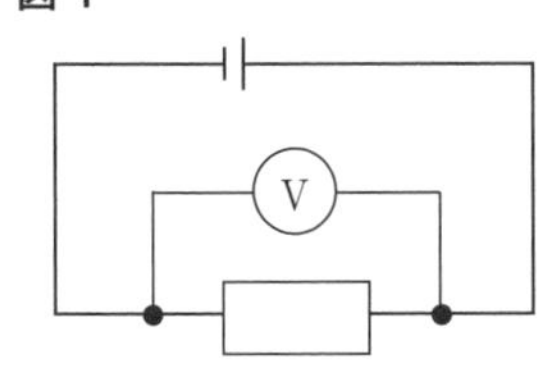

図2

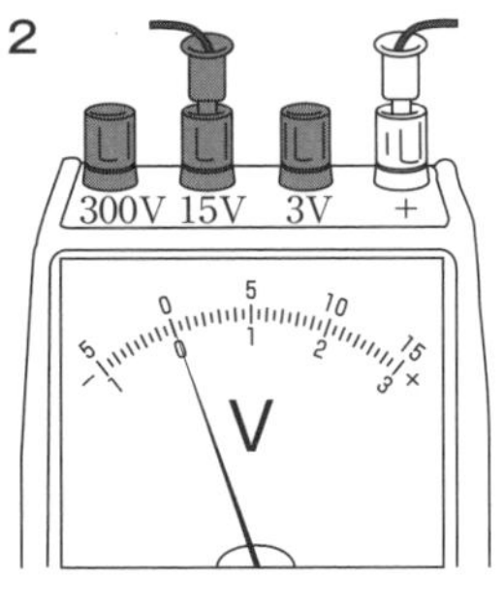

図3

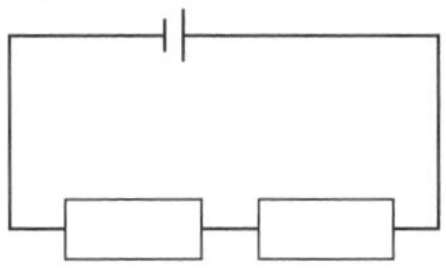

図4

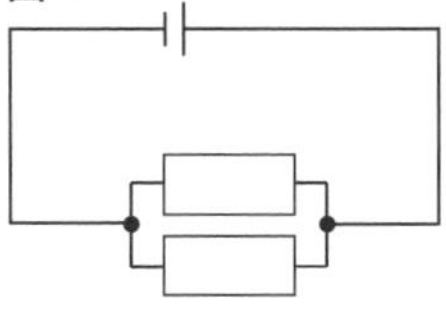

⑴ 電熱線**X**を使って**図1**の回路をつくり，電源装置で電圧を加えて回路に電流を流した。

66%

①電圧を加える前には，**図2**のように端子をつないだ電圧計の針は0を指していた。電源装置のスイッチを入れたところ，電圧計は3.0Vを示した。このときの電圧計の針を右の図にかき入れなさい。

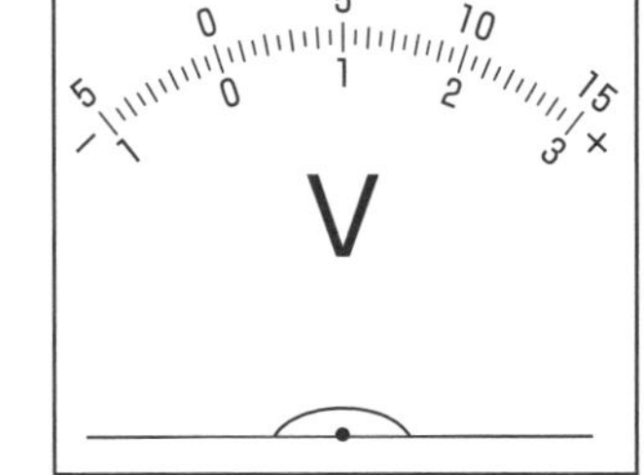

77%

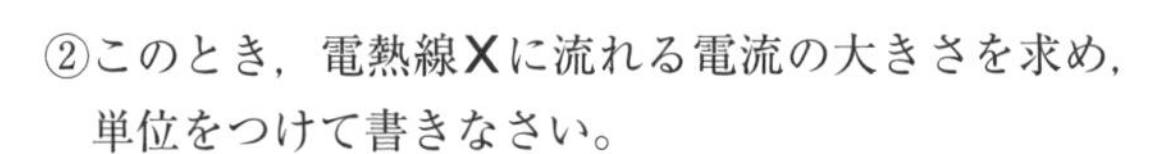

②このとき，電熱線**X**に流れる電流の大きさを求め，単位をつけて書きなさい。

64%

⑵ 電熱線**X**，**Y**，**Z**のうち2つを組み合わせ，**図3**，**図4**の回路をつくり，3.0Vの電圧を加えた。回路全体の抵抗の大きさが最も小さくなるのは次のどれか。記号で答えなさい。

ア **図3**で**X**と**Y**を使ったとき

イ **図3**で**Y**と**Z**を使ったとき

ウ **図4**で**X**と**Y**を使ったとき

エ **図4**で**X**と**Z**を使ったとき

〈秋田県〉

2

15A以上の電流が流れると自動で電流を遮断するブレーカーとつながっている電圧100Vのコンセントに，消費電力1000Wの電気ストーブをつないで使用しているとき，消費電力と発熱量の関係と，追加して安全に使用することができる電気機器を組み合わせたものとして適切なのは，次の表の**ア**～**エ**のうちではどれか。

	消費電力と発熱量の関係	追加して安全に使用することができる電気機器
ア	消費電力が大きいと発熱量は小さい。	250Wの液晶テレビ
イ	消費電力が大きいと発熱量は小さい。	1200Wのドライヤー
ウ	消費電力が大きいと発熱量は大きい。	250Wの液晶テレビ
エ	消費電力が大きいと発熱量は大きい。	1200Wのドライヤー

〈東京都〉

電流がつくる磁界，磁界の中の電流が受ける力

【実験】右の図のように，木の机の上に棒磁石を置き，その上に透明なプラスチックの板を置いて鉄粉をまき，できる模様を観察した。

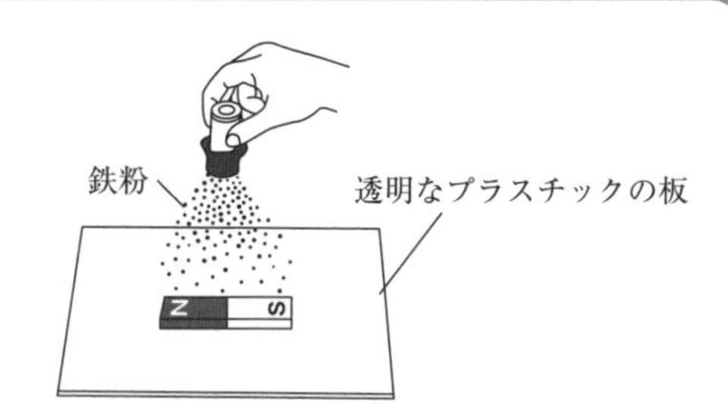

実験で，プラスチックの板の上にできた鉄粉の模様から考えられる磁界のようすを模式的に表すと，どのようになるか。次の**ア**～**エ**の中から最も適切なものを1つ選び，記号で答えなさい。

ア

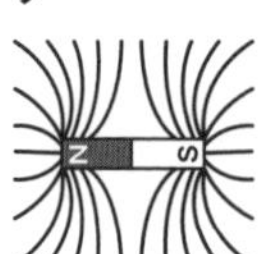

イ

ウ

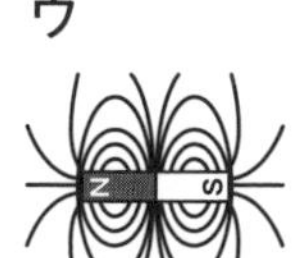

エ

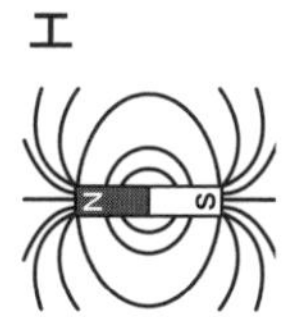

〈埼玉県〉

解き方・考え方

磁界とは，磁力（磁石の力）がはたらく空間のことである。

棒磁石のまわりでは，**エ**のようにN極から出てS極に向かう向きに磁界ができている。

棒磁石だけでなく，コイルのまわりにできる磁界も同じような模様になることも覚えておこう。

解答 **エ**

入試必出!・要点まとめ

■ 磁界

● 磁界の向きは，磁界に置いた方位磁針のN極が指す向き。

・棒磁石のまわりにできる磁界

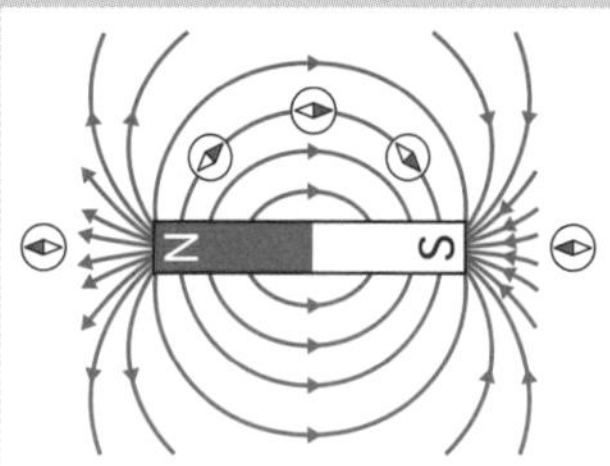

・電流のまわりにできる磁界

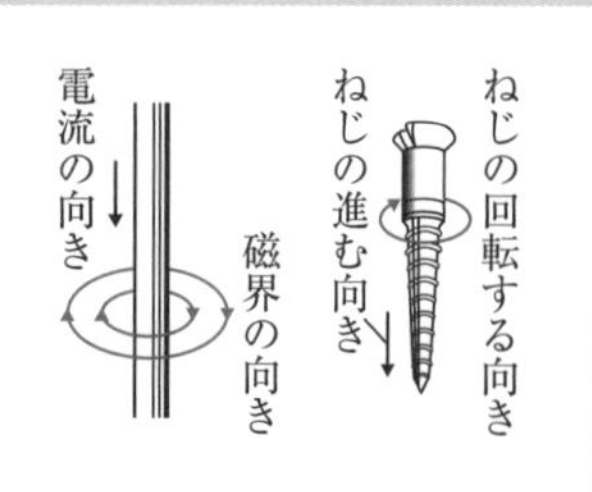

・コイルの中にできる磁界

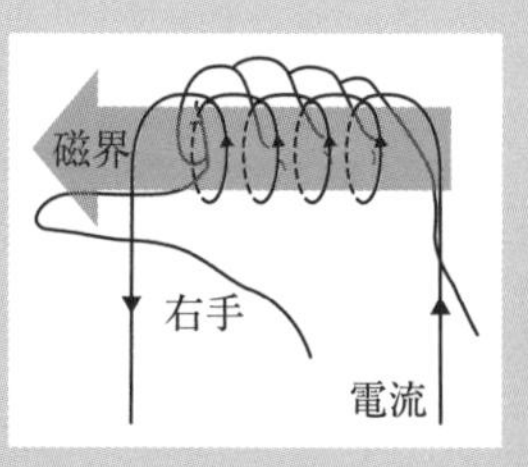

■ 電流が磁界から受ける力

● 電流の向きを逆にすると，磁界から受ける力の向きは逆になる。

● 磁界の向きを逆にすると，磁界から受ける力の向きは逆になる。

● 電流を大きくすると，磁界から受ける力は大きくなる。

● 磁界を強くすると，磁界から受ける力は大きくなる。

実力チェック問題

解答・解説 別冊 P. 2

1 79%

棒磁石のまわりの磁界の向きを調べるために，水平な台の上に棒磁石を置き，棒磁石のN極近くの**A**の位置に磁針（方位磁針）を置いたところ，磁針のN極の指す向きは**図1**のようになった。

図1

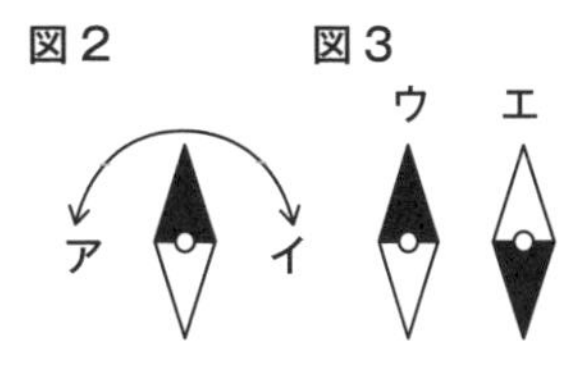

磁針を**図1**の**A**，**B**，**C**，**D**，**E**の順に，**A**から**E**までゆっくり動かしたときの，磁針のN極が回転するようすを説明したものとして最も適するものを，**1**～**4**から1つ選び，番号で答えなさい。ただし，**図1**は水平な台の上の棒磁石と磁針を真上から見たものであり，**図2**の**ア**，**イ**は磁針のN極が回転する向きを，**図3**の**ウ**，**エ**は磁針のN極が指す向きを表している。また，地球の磁界の影響は考えないものとする。

図2　**図3**

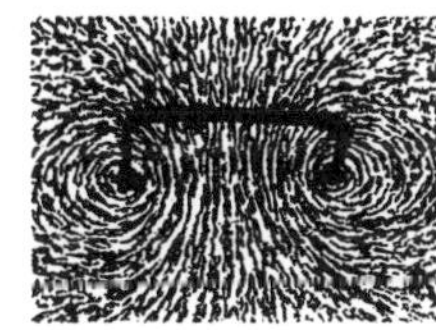

1　磁針のN極は，**図2**の**ア**の向きに少しずつ360°回転し，**E**の位置では**図3**の**ウ**になる。
2　磁針のN極は，**図2**の**ア**の向きに少しずつ180°回転し，**E**の位置では**図3**の**エ**になる。
3　磁針のN極は，**図2**の**イ**の向きに少しずつ360°回転し，**E**の位置では**図3**の**ウ**になる。
4　磁針のN極は，**図2**の**イ**の向きに少しずつ180°回転し，**E**の位置では**図3**の**エ**になる。

〈神奈川県〉

2

コイルのまわりにできる磁界について，次の問いに答えなさい。

56%

(1) **図1**は，厚紙にエナメル線を垂直に通してコイルをつくり，厚紙の上に鉄粉をまいたときのようすである。次の文は，磁力線を用いた磁界の表し方をまとめたものである。文中の［ a ］，［ b ］，［ c ］に入る最も適当な言葉を書きなさい。

図1

磁界の向きに沿って，磁石の［ a ］極から出て［ b ］極に入るように矢印をつけて表した線を磁力線という。磁力の強いところでは，磁力線の間隔が［ c ］なる。

66%

(2) **図2**のような装置で，コイルに電流を流したところ，コイルは矢印の向きに少し振れて止まった。コイルの振れ幅を大きくするには，どのようにすればよいか。その方法を簡潔に書きなさい。

〈千葉県〉

図2

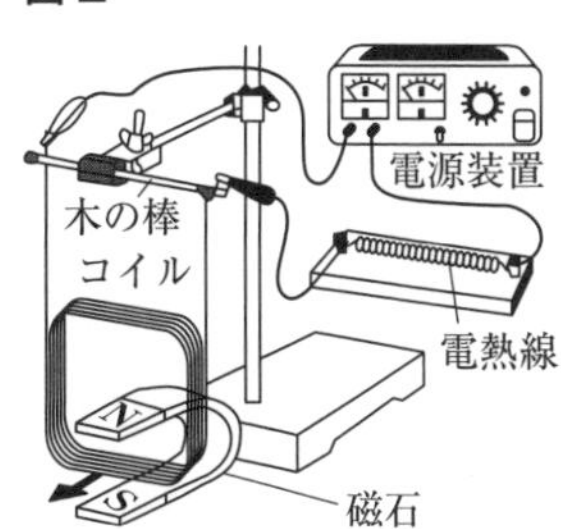

物 理

電磁誘導と発電，静電気

例 題

正答率

67%

フィルムケースなどにエナメル線を数十回巻きつけたコイルと紙コップと磁石を使って，右の図のような装置をつくり，オーディオプレーヤーに接続した。

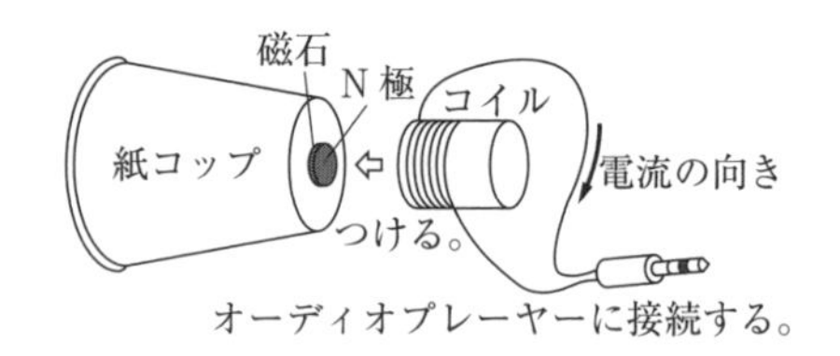

コイルをオーディオプレーヤーのマイク端子に接続し，紙コップに向かって声を出すと，オーディオプレーヤーから音が聞こえた。
このとき，声によって紙コップが振動すると磁石も振動し，コイルに電流が流れる。この現象を何というか，書きなさい。

〈佐賀県・改〉

解き方・考え方

紙コップが振動すると，磁石も振動するため，磁石の磁界によってコイルの中の磁界が変化し，コイルに電流を流そうとする電圧が生じる。このような現象を電磁誘導といい，このときコイルに流れる電流を誘導電流という。

解 答 電磁誘導

入試必出！ 要点まとめ

■ **電磁誘導**
- コイルの中の磁界が変化して，コイルに電流を流そうとする電圧が生じる現象のこと。
- 電磁誘導で流れる電流を誘導電流という。

■ **誘導電流の大きさを大きくする方法**
- 磁石をすばやく動かす。
- コイルの巻数を増やす。
- 磁石の磁力を強くする。

■ **静電気**
- ちがう種類の物質をまさつしたときに発生し，物体にたまった電気。
- ＋の電気と－の電気がある。
- 同じ種類の電気どうしにはしりぞけ合う力，ちがう種類の電気どうしには引き合う力がはたらく。

■ **誘導電流の向き**
- N極（またはS極）を近づけたときと遠ざけたときでは，誘導電流の向きは逆になる。
- 近づける（または遠ざける）磁石の極を反対にすると，誘導電流の向きも逆になる。
- 磁石とコイルを静止したままにすると，磁界が変化しないので，電磁誘導は起こらない。

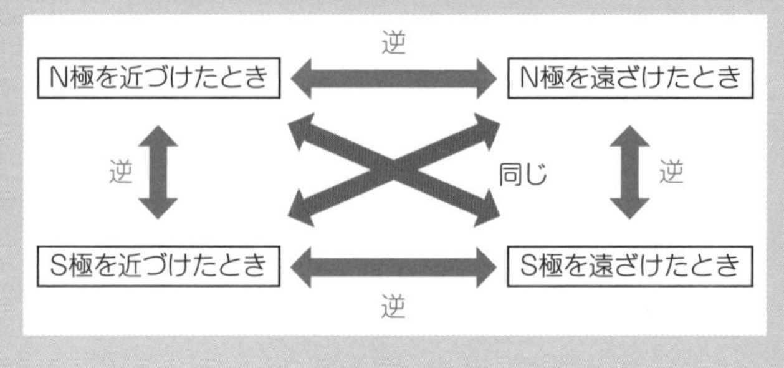

実力チェック問題

解答・解説 別冊 P. 2

1 54%

電磁誘導について調べるために，棒磁石とコイルと検流計を用いて，次のような実験を行った。

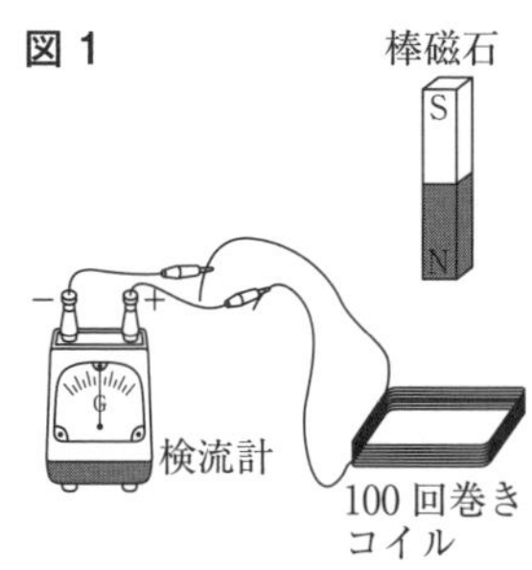

【実験1】**図1**のように，静止している100回巻きコイルの上に，N極を下にした棒磁石を静止させた。次に，**図2**の位置まで棒磁石を入れたところ，コイルに電流が流れた。

【実験2】【実験1】の棒磁石とコイルと検流計を用いて，【実験1】の棒磁石の向きと動きを，次の**A**～**E**のように変化させた。

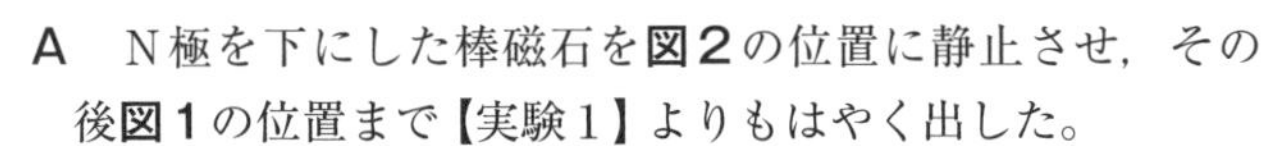

A　N極を下にした棒磁石を**図2**の位置に静止させ，その後**図1**の位置まで【実験1】よりもはやく出した。

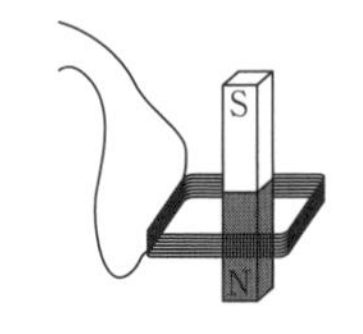

B　N極を下にした棒磁石を**図2**の位置に静止させ，その後**図1**の位置まで【実験1】よりもゆっくり出した。

C　S極を下にした棒磁石を**図1**の位置に静止させ，その後**図2**の位置まで【実験1】よりもはやく入れた。

D　S極を下にした棒磁石を**図2**の位置に静止させ，その後**図1**の位置まで【実験1】よりもはやく出した。

E　S極を下にした棒磁石を**図2**の位置に静止させ，その後**図1**の位置まで【実験1】よりもゆっくり出した。

【実験2】の**A**～**E**の中で，【実験1】のコイルに流れる電流とは逆向きで，【実験1】のときより大きい電流が流れたものはどれであると考えられるか。その組み合わせとして最も適するものを，次の**ア**～**エ**の中から1つ選び，記号で答えなさい。

ア　AとC　　**イ**　BとD　　**ウ**　BとE　　**エ**　AとCとD

〈神奈川県〉

2 56%

蛍光板を入れた真空放電管の電極に電圧を加えると，図のような光のすじが見られた。このとき，電極**A**，**B**，**X**，**Y**について，＋極と－極の組み合わせとして，正しいものはどれか。

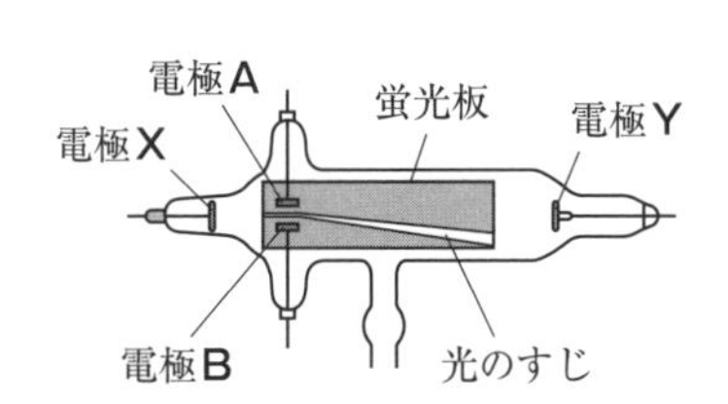

	電極A	電極B	電極X	電極Y
ア	＋極	－極	＋極	－極
イ	＋極	－極	－極	＋極
ウ	－極	＋極	＋極	－極
エ	－極	＋極	－極	＋極

〈栃木県〉

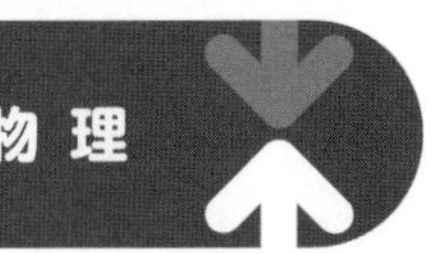

力のはたらき，水圧と浮力

正答率

(1) **図1**のように，ばねにおもりをつり下げて，ばねを引く力の大きさとばねののびの関係を調べた。**図2**は結果をグラフに表したものである。ただし，ばねにはたらく重力は考えないものとする。

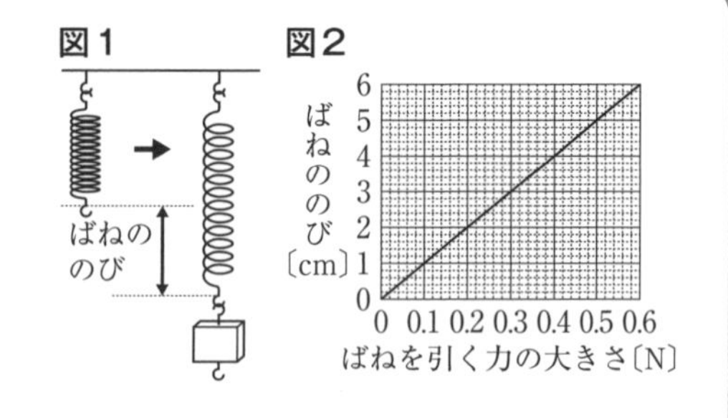

①**図2**のように，ばねののびは，ばねを引く力の大きさに比例する。この法則を何というか，答えなさい。

②実験の結果から，このばねに0.8Nのおもりをつり下げたとき，ばねののびは何cmになると考えられるか，答えなさい。

〈鳥取県〉

(2) 右の図は，異なる高さに同じ大きさの穴をあけた，底のある容器である。この容器の**A**の位置まで水を入れ，容器の穴から飛び出る水のようすを観察する。この容器の穴から，水はどのように飛び出ると考えられるか。次の**ア**～**ウ**から1つ選び，記号で答えなさい。

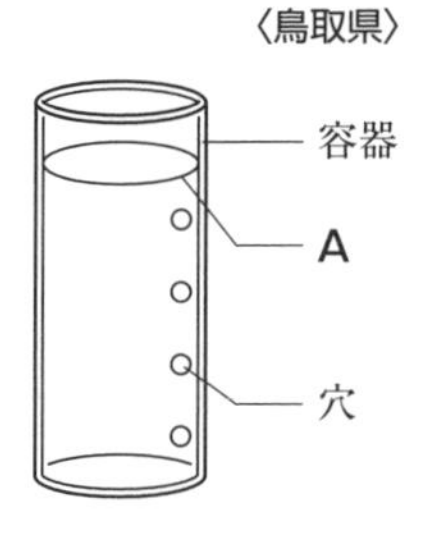

ア　上の穴ほど，水は勢いよく飛び出る。
イ　下の穴ほど，水は勢いよく飛び出る。
ウ　穴の高さに関係なく，水はどの穴からも同じ勢いで飛び出る。

〈静岡県〉

解き方・考え方

(1)　②0.6Nの力が加わるとばねが6cmのびるので，0.8Nのおもりをつり下げたときのばねののびを$x$cmとすると，0.6：6＝0.8：x
x＝8　よって，8cm

(2)　水面からの深さが深いほど水圧は大きくなるので，下にある穴ほど大きな水圧が加わる。

(1)①　フックの法則　②　8cm
(2)イ

入試必出！ 要点まとめ

■ **力の単位**
● ニュートン（N）で表す。

■ **フックの法則**
● ばねののびは，ばねを引く力の大きさに比例する。

■ **水圧**
● 物体より上にある水の重力によって生じる圧力。

■ **水圧の特徴**
● あらゆる向きから面に垂直にはたらく。
● 水面からの深さが深いほど大きくなる。

■ **浮力**
● 水中で物体にはたらく上向きの力。
● 浮力の大きさ〔N〕＝重力の大きさ〔N〕－水中に入れたときのばねばかりの値〔N〕

実力チェック問題

解答・解説 別冊 P. 3

1

次の問いに答えなさい。ただし，ばねと糸の質量や体積は考えないものとする。また，質量100gの物体にはたらく重力の大きさを1Nとする。

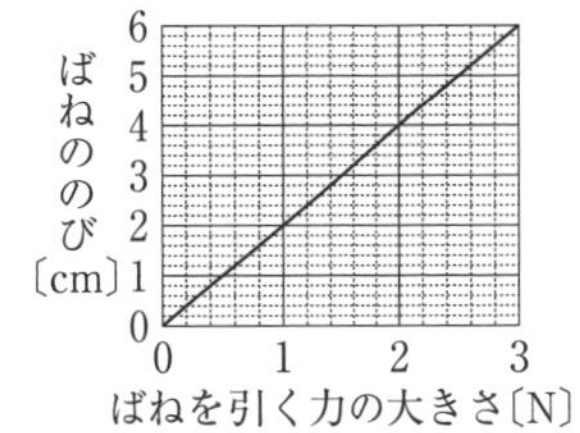

【実験】ばねとてんびんを用い，物体の質量や物体にはたらく力の大きさを測定する実験を行った。グラフは，実験で用いたばねを引く力の大きさとばねののびの関係を表したものである。実験で用いたてんびんは，支点から糸をつるすところまでの長さが左右で等しい。

①図1のように，てんびんの左側にばねと物体Aをつるし，右側に質量270gのおもりXをつるしたところ，てんびんは水平につり合った。

②①の状態から，図2のように，水の入った水槽を用い，物体Aをすべて水中に入れ，てんびんの右側につるされたおもりXを，質量170gのおもりYにつけかえたところ，てんびんは水平につり合った。このとき，物体Aは水槽の底からはなれていた。

68%
(1) ①について，このときばねののびは何cmか。

65%
(2) 月面上で下線部の操作を行うことを考える。このとき，ばねののびとてんびんのようすを示したものの組み合わせとして適切なものを，次のア～カの中から1つ選びなさい。ただし，月面上で物体にはたらく重力の大きさは地球上の6分の1であるとする。

	ばねののび	てんびんのようす
ア	地球上の6分の1	物体Aのほうに傾いている。
イ	地球上の6分の1	おもりXのほうに傾いている。
ウ	地球上の6分の1	水平につり合っている。
エ	地球上と同じ	物体Aのほうに傾いている。
オ	地球上と同じ	おもりXのほうに傾いている。
カ	地球上と同じ	水平につり合っている。

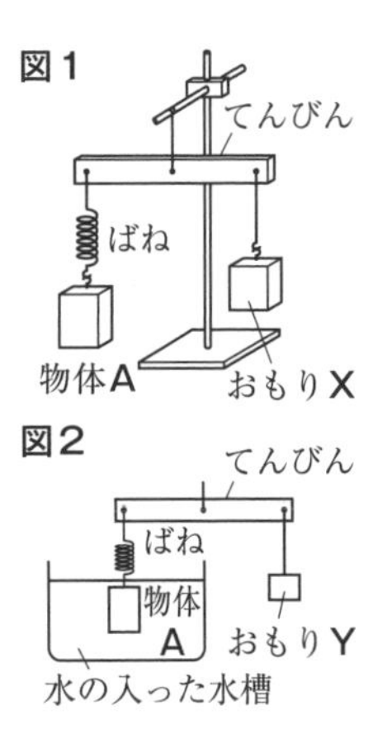

55%
(3) ②について，このとき物体Aにはたらく浮力の大きさは何Nか。求めなさい。

〈福島県〉

2

65%
右の図の物体にはたらく水圧のようすを，正しく表したものはどれか。次のア～エから1つ選び，記号で答えなさい。ただし，矢印の向きと長さは，それぞれの水圧がはたらく向きと大きさを表している。

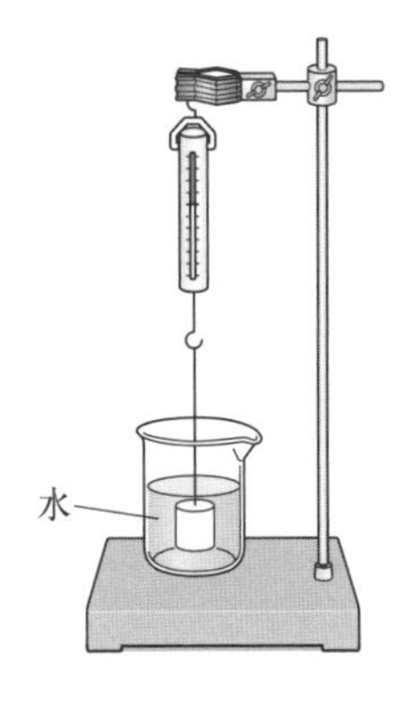

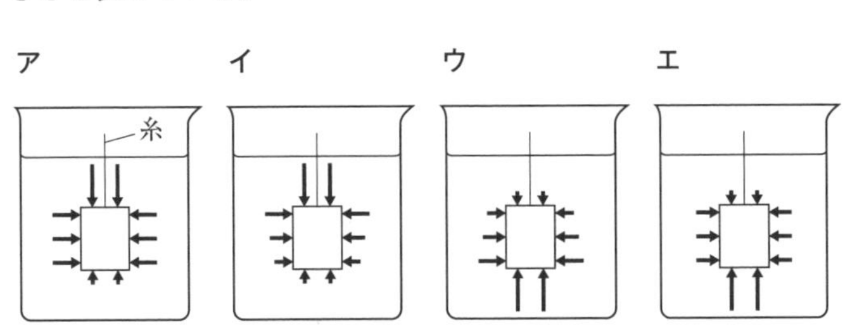

〈宮崎県〉

力と運動①

例 題

正答率 73%

図1のように，台車をなめらかな斜面上に置き，支柱に印をつけて，水平面からの高さがわかるようにした。その後，台車から手をはなし，斜面とそれに続くP点から始まる水平面で運動させ，その運動を1秒間に規則正しく60回打点する記録タイマーを用いて記録した。実験後，運動を記録したテープを，**図2**のように6打点ごとに切りとり，台紙にはりつけた。

図1

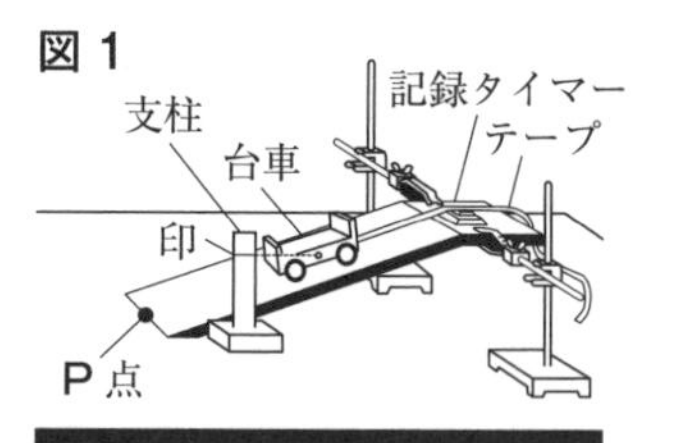

図2

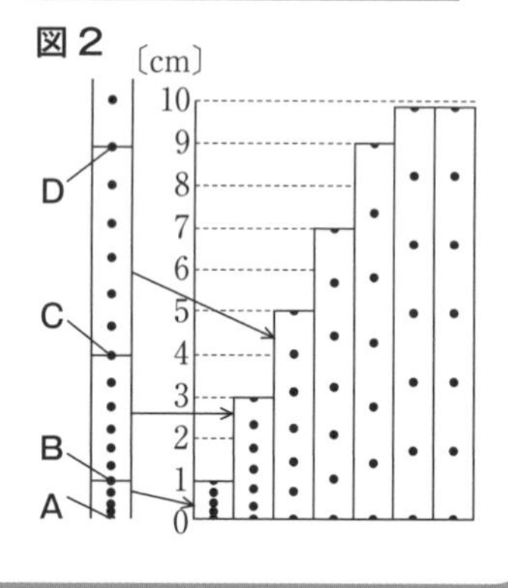

図2のCD間における台車の平均の速さはいくらか。cm/sを単位として書きなさい。

〈奈良県〉

台車の平均の速さは，

$$速さ〔m/s〕=\frac{移動距離〔m〕}{移動にかかった時間〔s〕}$$

で求められる。**図2**より，CD間で台車が移動した距離は5cmである。また，この実験では1秒間に60回打点する記録タイマーを用いて記録し，6打点ごとにテープを切りとっているので，CD間を移動するのにかかった時間は，$\frac{1}{60}\mathrm{s}\times6=0.1\mathrm{s}$

よって，台車の平均の速さは，

$$\frac{5\mathrm{cm}}{0.1\mathrm{s}}=50\mathrm{cm/s}$$

解 答 **50cm/s**

入試必出！ 要点まとめ

■ 記録タイマーによる記録

- 一定時間ごとに打点するため，テープの長さで一定時間に物体が移動した距離がわかる。
- ストロボ撮影による記録でも同様のことがいえる。

■ 運動の速さ

- $速さ〔m/s〕=\frac{移動距離〔m〕}{移動にかかった時間〔s〕}$
- 単位は，cm/s，m/sなど。

■ 斜面を下る物体の運動

- 速さは時間に比例する。
- 斜面を下る物体には，斜面に平行で下向きの力がはたらく。

↓

斜面の角度が大きいほど斜面に平行で下向きの力は大きくなり，物体の速さの変化の割合も大きくなる。

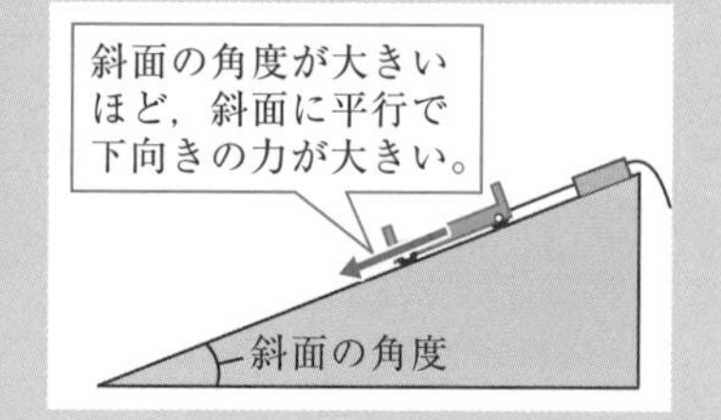

実力チェック問題

解答・解説 別冊 P. 3

1 絶対落とすな!! 93%

【実験】右の図のように，水平な台の上に，板，木片で斜面をつくり，その斜面の上に記録タイマーを固定した。斜面上の**A**，**B**，**C**のうち**A**に質量1kgの台車を置き，静かに手をはなし，台車が斜面を下りるときの運動を1秒間に50打点する記録タイマーで記録した。5打点ごとにテープを切りとり，順にグラフ用紙にはりつけたあと，各テープの先端の打点を結んだところ，グラフのような直線になった。

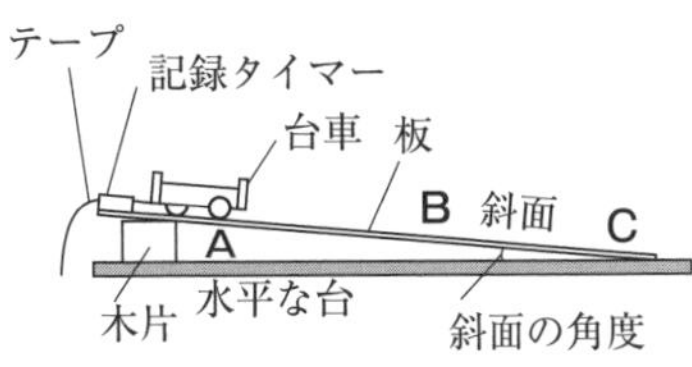

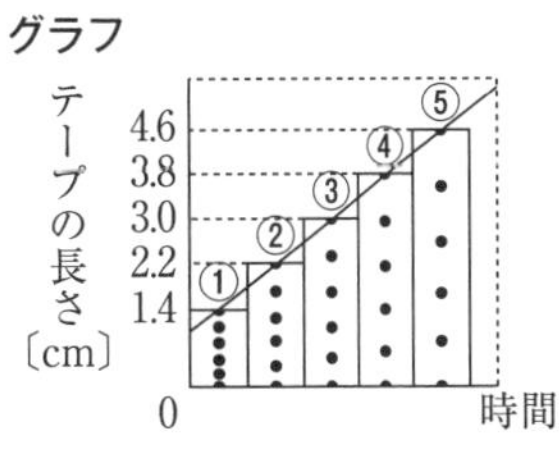

台車が斜面を下りるときの運動のようすについて，グラフの①～⑤のテープからわかることを，**ア**～**エ**から1つ選びなさい。

ア　5打点ごとに切ったテープの長さがしだいにふえているので，速さは時間とともに増加している。

イ　5打点ごとに切ったテープの長さがしだいにふえているので，速さは変わらない。

ウ　5打点ごとに切ったテープの長さが変わらないので，速さは時間とともに増加している。

エ　5打点ごとに切ったテープの長さが変わらないので，速さは変わらない。　〈神奈川県〉

2

【実験】**図1**のように，力学台車に記録テープとおもりのついた糸をとりつけ，糸は滑車に通した。おもりは力学台車よりも質量の小さいものを使った。さらに，力学台車が動かないように手でおさえ，1秒間に50回点を打つ記録タイマーに記録テープを通した。記録タイマーのスイッチを入れて手をはなすと，おもりは床に向かって落ち始め，力学台車は斜面を上り始めた。その後，おもりは床に達して静止したが，力学台車は斜面上で運動を続けた。**図2**は，このとき得られた記録テープを基準点から5打点ごとに，**A**～**F**の区間に分け，その長さを示したものである。

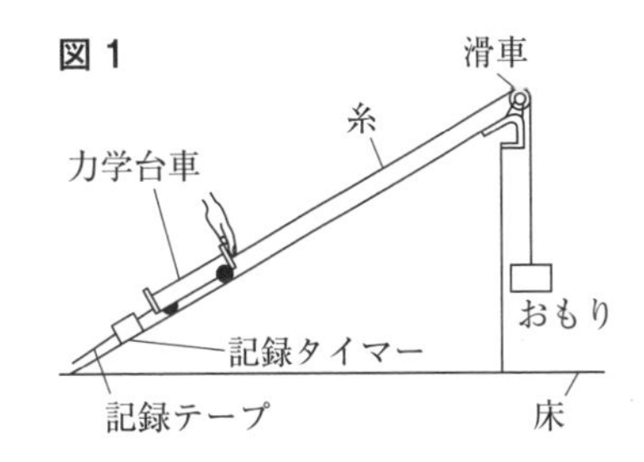

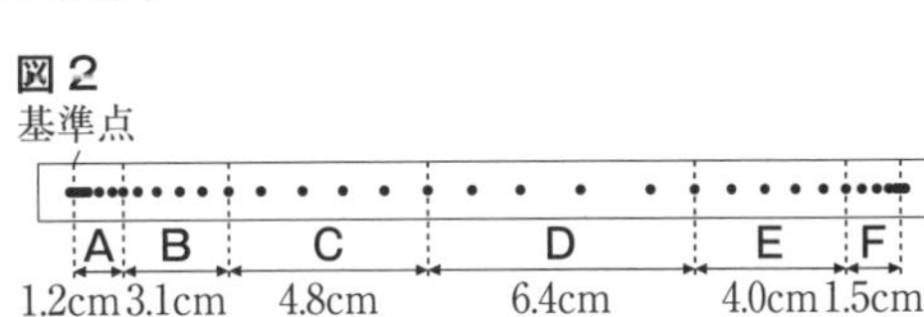

絶対落とすな!! 91%

〔1〕**図3**は，**図2**の記録テープの区間**A**～**D**において，力学台車が移動した距離を表したものである。区間**E**，**F**において，力学台車が移動した距離を表すグラフを，それぞれ**図3**にかき入れなさい。

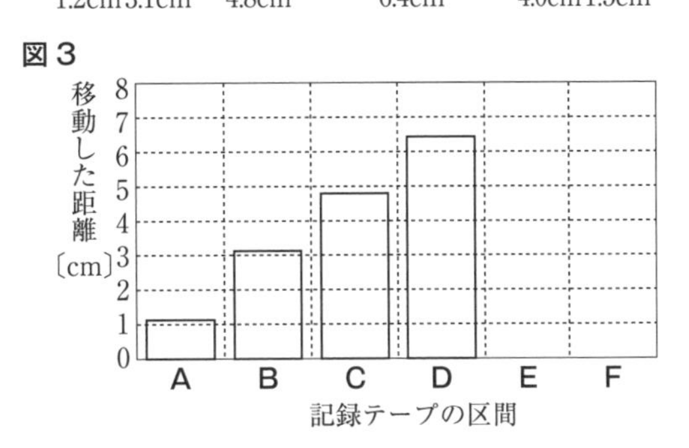

59%

〔2〕区間**D**における，力学台車の平均の速さは何cm/sか。　〈宮城県〉

物理

力と運動②

例題

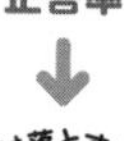

正答率

右の図のように，斜面Xと斜面Yと水平な面をつなぎ，斜面X上のA点に力学台車の先端を合わせて手で支え，力学台車に記録タイマーを通した紙テープをつけた。次に，記録タイマーのスイッチを入れ，力学台車から手をはなすと力学台車はB点，C点を通過して水平な面の上を運動したのち，D点で車止めに当たって静止した。このとき，斜面Xは斜面Yより傾きが大きく，AB間とBC間の距離は等しかった。ただし，力学台車にはたらくまさつや空気の抵抗は無視できるものとする。

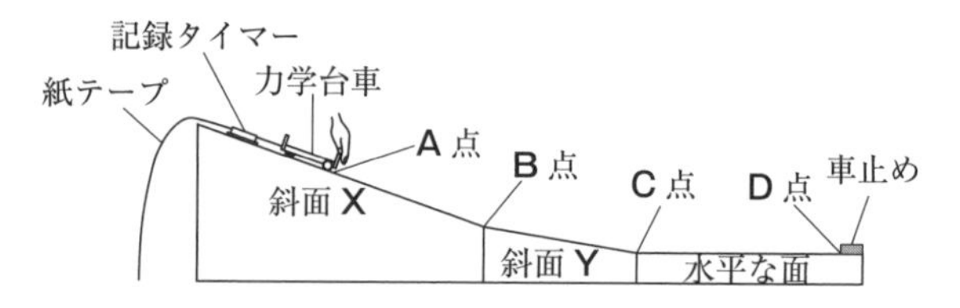

次の文の［①］，［②］にあてはまる語句を書きなさい。

下線部の運動は，［①］と呼ばれる運動である。このとき，力学台車には水平な面から受ける力と重力がはたらいているが，力学台車が［①］をするのは，水平な面から受ける力と重力が［②］ためである。〈北海道〉

解き方・考え方

まさつや空気の抵抗が無視できるとき，水平な面の上では，力学台車は同じ速さで一直線上を進む。このような運動を等速直線運動という。
等速直線運動をしている物体には，水平な面から受ける力（垂直抗力）と重力がはたらいていて，この2力がつり合っている。また，運動の向きには力がはたらいていないので，速さが変わらない。

解答　① **等速直線運動**
② **つり合っている**

入試必出！

要点まとめ

■ 等速直線運動

- まさつや空気の抵抗がなく，運動の向きに力がはたらかないとき，物体は同じ速さで一直線上を進む。この運動を等速直線運動という。
- 記録タイマーで記録したテープでは，打点の間隔が同じになる。

■ 慣性の法則

- **慣性**…物体がもつ運動の状態を続けようとする性質。
- **慣性の法則**…物体に力がはたらいていないか，はたらいていても力がつり合っているとき，運動している物体は等速直線運動を続け，静止している物体は静止し続けようとすること。

■ 力の表し方

- 力の大きさ…矢印の長さで表す。
- 力の向き……矢印の向きで表す。
- 作用点（力のはたらく点）…矢印の始点で表す。

■ 2力のつり合い

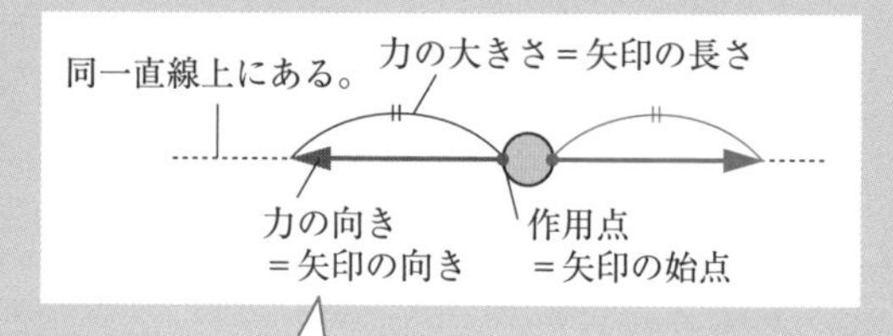

力の向きが反対で，力の大きさが等しく，同一直線上にあるとき，2力はつり合っている。

■ 力の合成と分解

- 方向のちがう2力の合力は，2力を2辺とする平行四辺形の対角線になる。
- 分解する力を対角線とする平行四辺形のとなり合う2辺が分力となる。

実力チェック問題

1

物体にはたらく力について，次の問いに答えなさい。

62%

(1) **図1**は，水平な床の上で等速直線運動をしている物体にはたらく重力を矢印で表したものである。この物体には，もう１つの力がはたらいている。その力を矢印で，右下の図に表しなさい。ただし，まさつや空気の影響は考えない。

図1

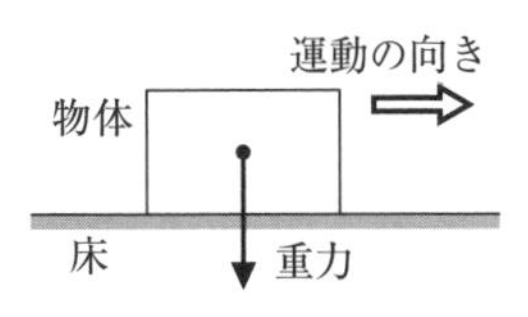

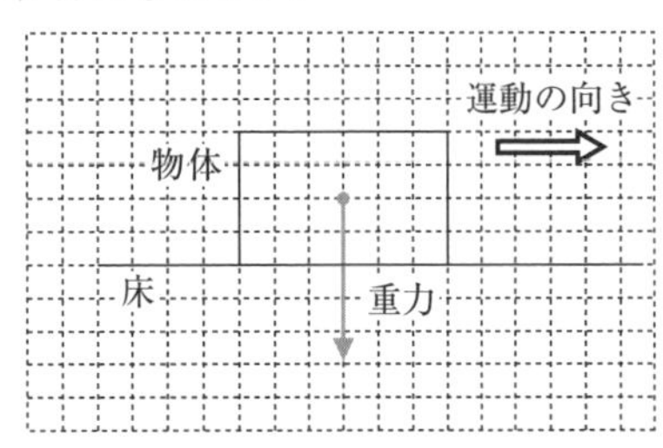

79%

(2) **図2**に示すつり革は，電車の運動が変化したとき，慣性によって動きだした。次の①～③のとき，つり革が慣性によって動きだした向きは，**図2**の**ア**，**イ**のうちどちらか。それぞれ**ア**，**イ**の記号で答えなさい。

図2

電車の進む向き **R**

つり革

ア　イ

①止まっていた電車が，**図2**の**R**の向きに動いた。

②**図2**の**R**の向きに等速直線運動をしていた電車が，ブレーキをかけた。

③**図2**の**R**の向きに等速直線運動をしていた電車の速さが，はやくなった。

〈愛媛県〉

2

図1に示した装置を用いて，点**O**の位置まで引いた輪ゴムにはたらく２力の合力を調べる実験をした。

図1

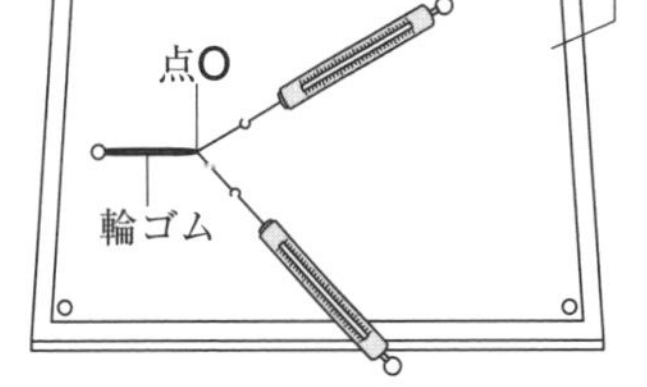

56%

(1) **図1**の実験では，力の大きさを調べるために，ばねの性質を利用している。次の文は，この性質について述べたものである。文中のにあてはまる語を書きなさい。

ばねには，ばねを引く力の大きさとばねの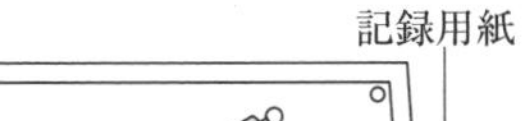は比例するという性質がある。

71%

(2) **図2**は，**図1**の装置を用いて実験したときの記録用紙の一部を示したものである。図中の２つの矢印は，点**O**の位置まで引いた輪ゴムにはたらく２力をそれぞれ示している。図中の点**O**にはたらく２力の合力を表す矢印をかき入れなさい。

図2

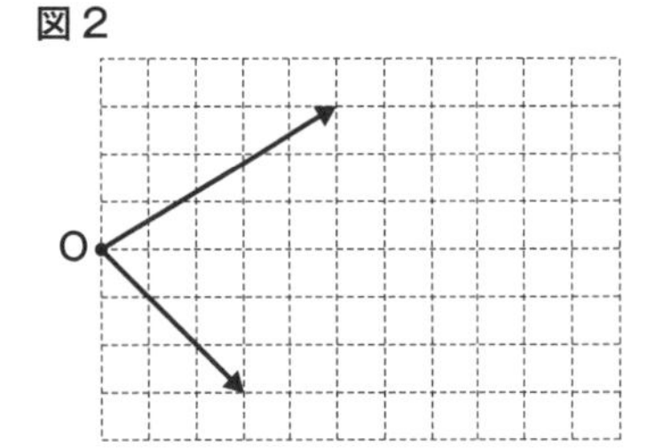

〈広島県〉

物理 

仕事

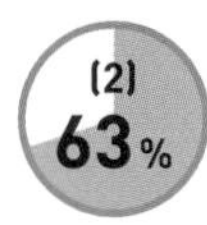

例題

正答率

(1) 75%

(2) 63%

⑴ 質量300gの物体を，床から２mの高さまでゆっくりと持ち上げるときの仕事の大きさは何Jか，書きなさい。ただし，質量100gの物体にはたらく重力の大きさを１Nとする。

〈北海道〉

⑵ 100Jの仕事を５秒間で行ったときの仕事率は何Wか。

〈栃木県〉

解き方・考え方

⑴ 100gの物体にはたらく重力の大きさは１Nなので，300gの物体にはたらく重力の大きさは３Nである。よって，300gの物体を持ち上げるのに必要な力の大きさは３Nである。仕事〔J〕＝物体に加えた力の大きさ〔N〕×物体が力の向きに動いた距離〔m〕 より，３Nの力で２m持ち上げたときの仕事の大きさは，３N×２m＝６J

⑵ 一定時間にする仕事を仕事率といい，仕事の効率の大小を表すことができる。

$$\text{仕事率〔W〕} = \frac{\text{仕事〔J〕}}{\text{仕事にかかった時間〔s〕}}$$ より，

100Jの仕事を５秒間で行ったときの仕事率は，

$$\frac{100\text{J}}{5\text{s}} = 20\text{W}$$

解答 ⑴ 6J ⑵ 20W

入試必出！ 要点まとめ

■ 仕事

- 物体に力を加え，力の向きに物体を動かしたとき，その力は仕事をしたという。
- 力を加えても物体が動かない場合や，力の向きと移動の向きが垂直の場合は，仕事が０になる。

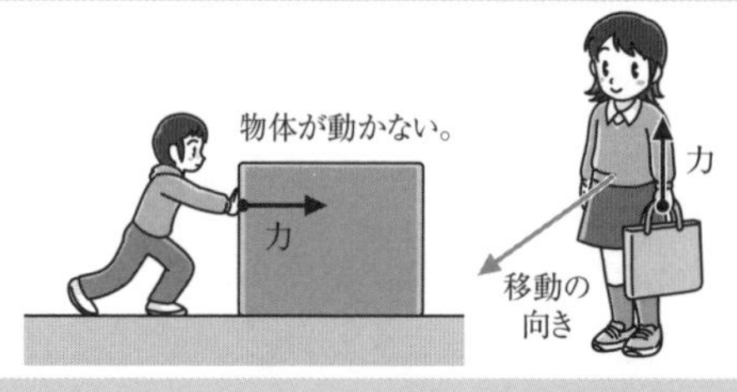

- 仕事〔J〕＝物体に加えた力の大きさ〔N〕×物体が力の向きに動いた距離〔m〕

■ 仕事の原理

- 道具や斜面を使っても，仕事の量は，道具や斜面を使わないときと同じになる。
- 動滑車を１個使うと，必要な力の大きさは $\frac{1}{2}$ になるが，ひもを引く距離は２倍になる。
- 斜面を使うと，必要な力は小さくなるが，物体を動かす距離は大きくなる。

■ 仕事率

- １秒間に１Jの仕事をするときの仕事率は１W（ワット）であるという。
- $$\text{仕事率〔W〕} = \frac{\text{仕事〔J〕}}{\text{仕事にかかった時間〔s〕}}$$

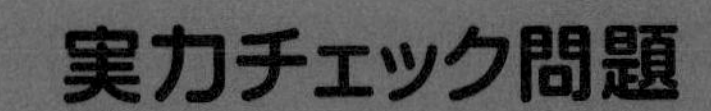

実力チェック問題

解答・解説 別冊 P. 4

1

Kさんは家に帰るため，質量5.0kgのバッグに力を加え，70cm真上にゆっくりと持ち上げた。ただし，質量100gの物体にはたらく重力の大きさを1Nとする。

76%　(1) バッグにはたらく重力の大きさは何Nか。

58%　(2) バッグを持ち上げるためにKさんがした仕事は何Jか。

〈鹿児島県〉

2

67%

ある学級の理科の授業で，**図1**，**図2**に示した装置を用いて，力学台車をそれぞれ15cm引き上げるときの糸を引く力の大きさと糸を引いた距離を調べる実験をした。表は，この実験の結果を示したものである。あとの文章は，このときの生徒の会話の一部である。

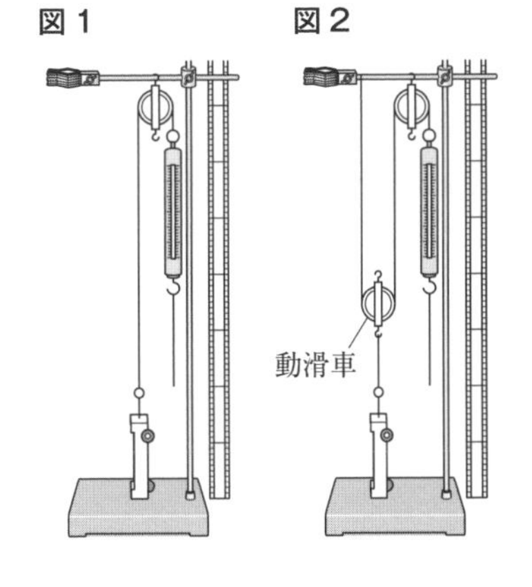

【結果】

	糸を引く力の大きさ〔N〕	糸を引いた距離〔m〕
図1の装置	10.0	0.15
図2の装置	5.0	0.30

> 彩花：この実験で，動滑車を使うと，動滑車を使わないときと比べて，糸を引く力の大きさは[A]になって，糸を引いた距離は[B]になっているから，仕事の量は[C]ことがわかるわね。
>
> 優太：そうだね。動滑車と同じようなはたらきをするものが，身のまわりに何かないかな。

文章中の[A]・[B]にあてはまる語を，次の**ア**～**エ**からそれぞれ選び，その記号を書きなさい。
また，文章中の[C]にあてはまる語句を書きなさい。

ア　4分の1　　**イ**　2分の1　　**ウ**　2倍　　**エ**　4倍

〈広島県〉

力学的エネルギーの保存

例題

右の図は，ふりこの運動のようすを表したものである。図のaの位置からふりこのおもりを静かにはなすと，b，c，dを通り，おもりはaと同じ高さのeの位置まで上がった。ふりこが振れているとき，おもりがもつ力学的エネルギーは一定に保たれていた。

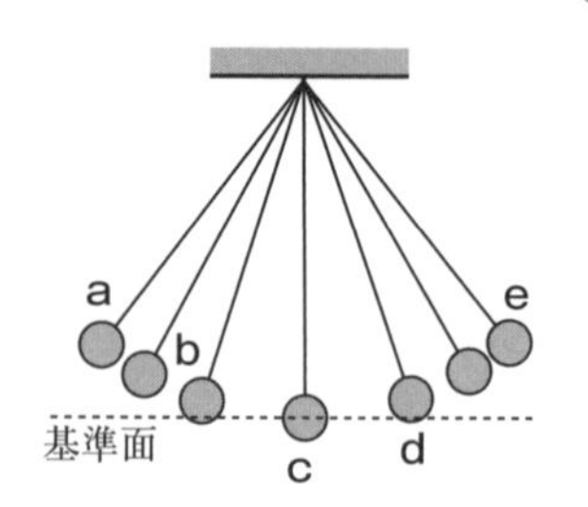

図のa～dのうち，おもりがもつ運動エネルギーが最も大きいのは，おもりがどの位置にあるときか。適当なものをa～dから1つ選び，記号で答えなさい。

〈愛媛県〉

解き方・考え方

高いところにある物体がもつエネルギーを位置エネルギー，運動している物体がもつエネルギーを運動エネルギーという。aの位置にあったおもりは静止しているので，位置エネルギーだけをもっているが，ふりこが振れるにしたがって，この位置エネルギーが運動エネルギーへと移り変わる。よって，基準面からの高さが0のcの位置にあるとき，おもりのもつ運動エネルギーは最も大きくなる。

解答 c

入試必出！ 要点まとめ

■ 位置エネルギー

- 高いところにある物体がもつエネルギー。
- 物体の位置が高いほど，また質量が大きいほど大きい。

■ 運動エネルギー

- 運動している物体がもつエネルギー。
- 物体の速さがはやいほど，また質量が大きいほど大きい。

■ 力学的エネルギーの保存

- **力学的エネルギー**…位置エネルギーと運動エネルギーの和。
- 力学的エネルギーの総量は常に一定に保たれるという法則を，力学的エネルギーの保存（力学的エネルギー保存の法則）という。
- 位置エネルギーと運動エネルギーは互いに移り変わる。

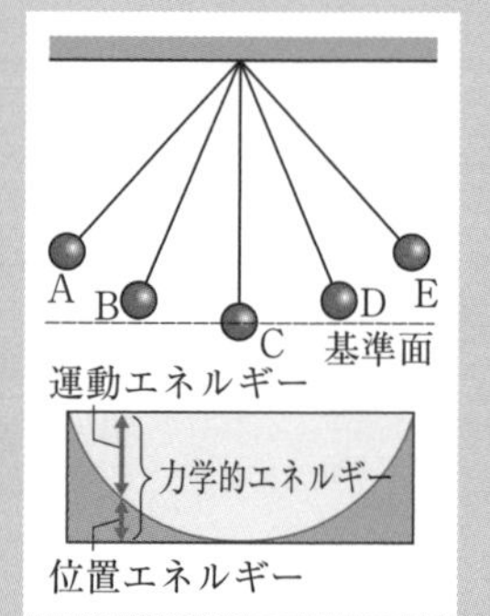

実力チェック問題

解答・解説 別冊 P. 4

1

絶対落とすな!! 95%

そりが雪の斜面を下るとき，速さがだんだんはやくなるにつれて，小さくなるエネルギーはどれか。**ア**～**エ**から１つ選び，記号で答えなさい。

ア　位置エネルギー　**イ**　光エネルギー　**ウ**　音エネルギー　**エ**　運動エネルギー

〈宮城県〉

2

絶対落とすな!! 80%

物体の運動を調べるために，まっすぐなレールをなめらかにつなぎ，右の図のような実験装置をつくった。斜面の上端である**ア**に小さな鉄球を置き，静かに手をはなしたところ，鉄球は斜面上を進み，斜面の下端である**イ**を通過し，水平面上の**ウ**を通過した。手をはなしてから**イ**を通過し**ウ**に達するまでの，鉄球の水平方向の位置と位置エネルギーとの関係を表すと，右のグラフのようになる。このとき，鉄球の水平方向の位置と運動エネルギーの関係をグラフに表すと，どのようになると考えられるか。**1**～**4**の中から最も適するものを１つ選び，番号で答えなさい。ただし，鉄球とレールとの間のまさつおよび鉄球にはたらく空気の抵抗は考えないものとする。

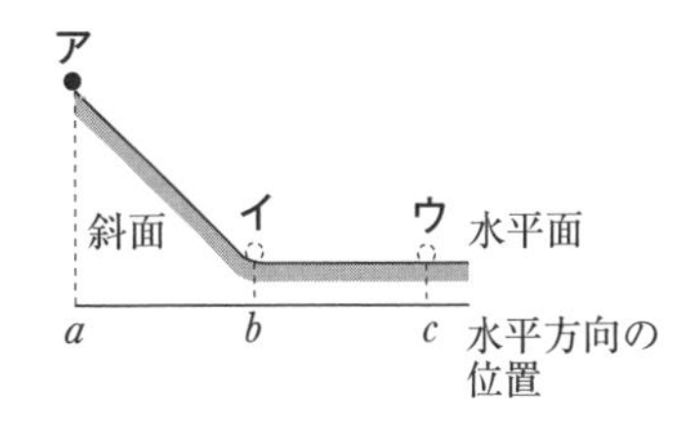

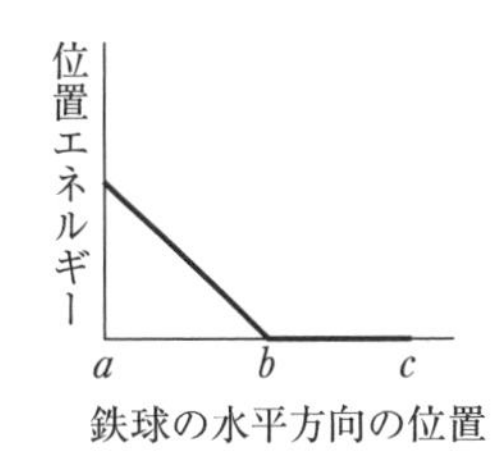

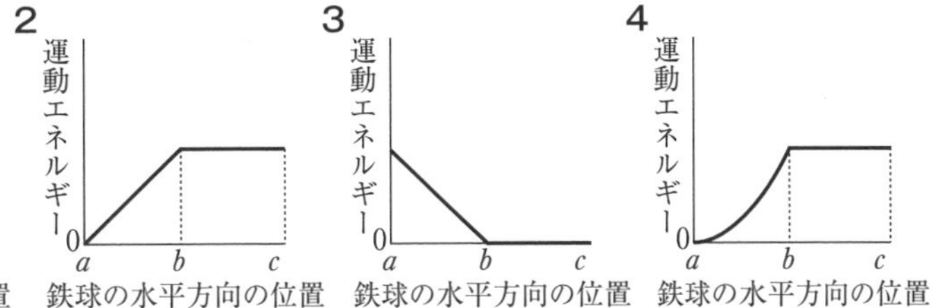

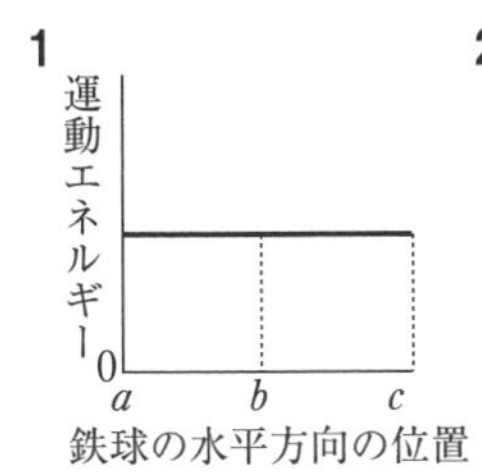

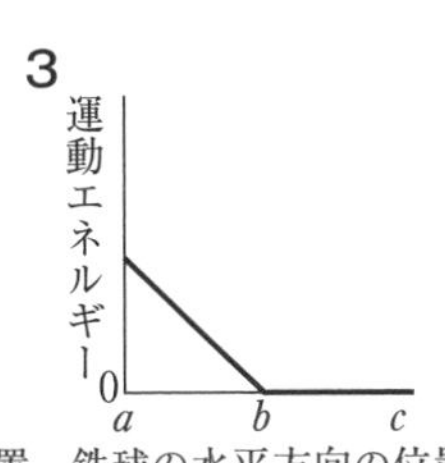

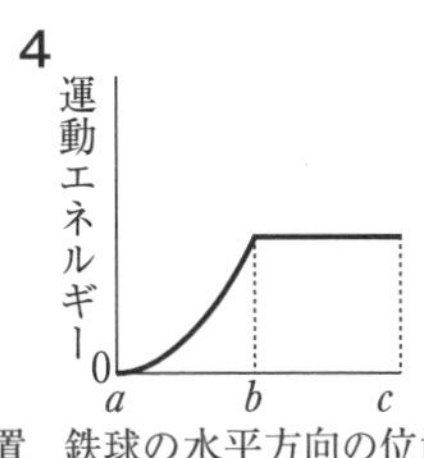

4

〈神奈川県〉

3

56%

右の図は，同じ質量のおもり**A**とおもり**B**を，壁のくぎに長さの異なる長い糸をつけてふりこにしてあるようすを模式的に表したものである。おもり**A**，おもり**B**を同じ高さからはなしたところ，おもり**A**は点**ウ**の位置まで上がり，おもり**B**は点**オ**の位置まで上がった。おもり**A**，おもり**B**をそれぞれ静かにはなしたとき，図の点**ア**～**オ**でのおもりの速さの大小関係として最も適当なのは，**1**～**4**のうちどれか。点**ア**，**イ**，**ウ**，**エ**，**オ**でのおもりの速さをそれぞれ㋐，㋑，㋒，㋓，㋔とする。

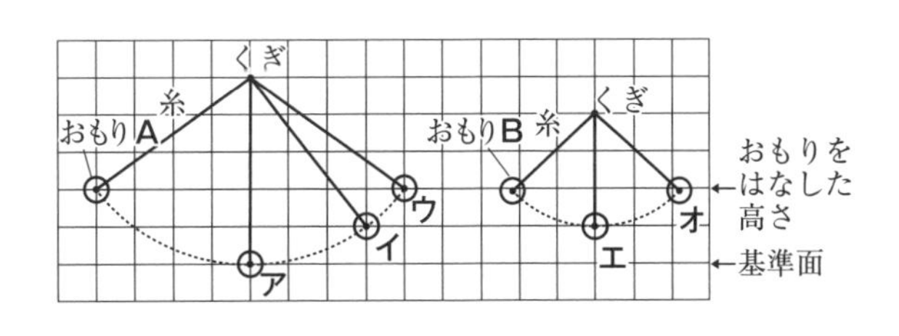

1　㋐＝㋓＞㋑＞㋒＝㋔　　**2**　㋐＝㋑＝㋓＞㋒＝㋔
3　㋐＞㋑＝㋓＞㋒＝㋔　　**4**　㋐＞㋓＞㋑＞㋒＞㋔

〈岡山県〉

気体の発生と性質

例題

正答率
(1) 79%
(2) 62%

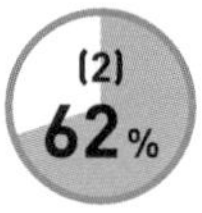

右の図のように，塩化アンモニウムと水酸化カルシウムの混合物が入った試験管を加熱し，発生したアンモニアを乾いたフラスコに集めた。

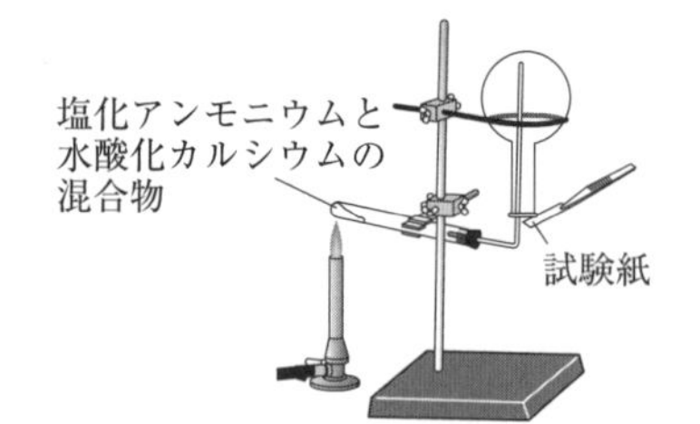

(1) 図のような気体の集め方を何というか。
その方法名を書きなさい。

(2) 図で，フラスコ内にアンモニアが集まったことを確かめる試験紙として最も適当なものは**ア**～**エ**のうちどれか。記号で答えなさい。

ア 水でぬらした赤色リトマス紙　**イ** 水でぬらした青色リトマス紙
ウ 石灰水をしみこませたろ紙　**エ** 乾いた塩化コバルト紙

〈長崎県〉

解き方・考え方

(1) 発生した気体がどこに集まるかに着目する。図の装置では，さかさまにした丸底フラスコに気体が集まる。これは，水にとけやすく，空気よりも密度が小さい気体を集めるときに用いられる上方置換法である。

(2) アンモニアは，水にとけると水溶液はアルカリ性を示す。アルカリ性であることを確かめるには，水でぬらした赤色リトマス紙が青色になるかどうかを見ればよい。

解答 (1) 上方置換法　(2) ア

入試必出！ 要点まとめ

■ 気体の集め方

● **水上置換法**

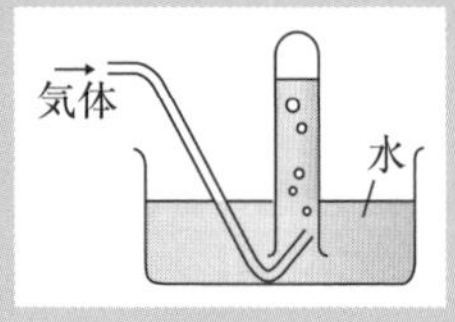

水にとけにくい気体

(例) 水素，酸素，二酸化炭素など

● **上方置換法**

水にとけやすく，空気より密度が小さい気体

(例) アンモニアなど

● **下方置換法**

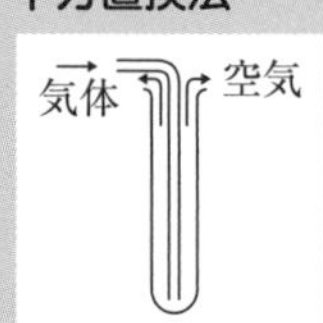

水にとけやすく，空気より密度が大きい気体

(例) 二酸化炭素，塩素，二酸化硫黄など

■ おもな気体の性質

	酸素	水素	二酸化炭素	アンモニア
空気の密度との比較	やや大きい	小さい	大きい	小さい
水へのとけやすさ	とけにくい	とけにくい	少しとける	よくとける
特徴	ほかのものを燃やす。	ポッと音をたてて気体自体が燃える。	石灰水を白くにごらせる。	刺激臭がある。水溶液はアルカリ性。

1

気体に関する実験について，あとの文の［ア］～［カ］に最も適切な言葉を入れなさい。

ボンベA～Dの中に酸素，水素，窒素，二酸化炭素のどれかが入っている。
［実験①］ボンベA～Dのそれぞれの気体を集め，試験管の口に，マッチの火を近づけてみよう。
［実験②］ボンベA～Dの気体で，シャボン玉をつくってみよう。

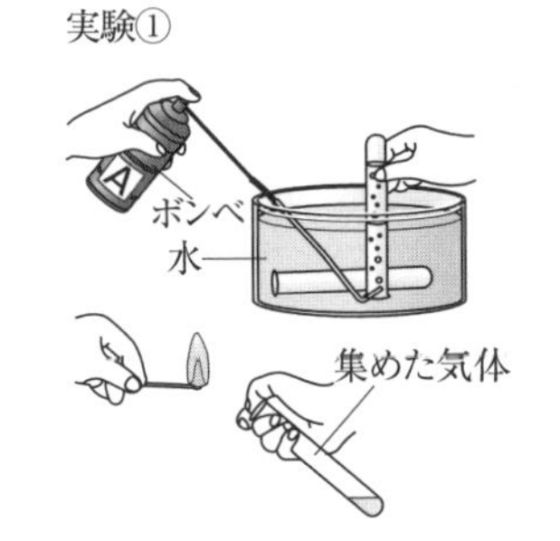

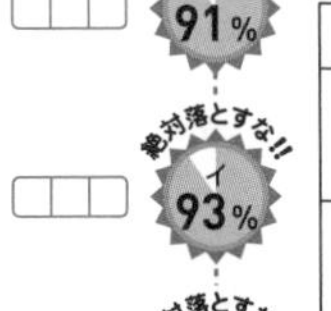

［記録表］

	ボンベA	ボンベB	ボンベC	ボンベD
実験①	音をたてて燃えた。	炎が少し大きくなった。	すぐに火が消えた。	すぐに火が消えた。
実験②	すばやく上がった。	ゆっくりと落ちた。	空気中にただよった。	すばやく落ちた。

ウ 90%　エ 93%　オ 93%　カ 77%

【まとめ】ボンベAの気体のシャボン玉が，すばやく上がったのには驚いた。このことは，ボンベAの気体に［ア］より密度が［イ］という性質があるからである。
　また，実験①で［ウ］という方法で気体を集めたり，気体を燃やしたりするなど，以前授業で学んだことをいかすことができてよかったと思った。
【わかったこと】ボンベAの気体は，音をたてて燃えたことから，［エ］であることがわかった。また，ボンベBの気体は，マッチの炎が少し大きくなったことから，［オ］であることがわかった。ボンベCとボンベDの気体は，マッチの火を近づけただけではわからなかったが，ボンベCの気体はシャボン玉のようすから［カ］だとわかった。

〈宮崎県〉

2

右の図のように，試験管にアンモニア水約10cm^{3}と沸騰石を入れ，弱火で熱して出てきた気体を乾いた丸底フラスコに集めた。次の［a］，［b］にあてはまる正しい組み合わせを，あとのア～エから1つ選び，記号で答えなさい。

　集めた気体は，空気より密度が［a］，水に［b］性質をもつため，上方置換法で集める必要がある。

ア　a　大きく　　b　とけにくい
イ　a　大きく　　b　とけやすい
ウ　a　小さく　　b　とけにくい
エ　a　小さく　　b　とけやすい

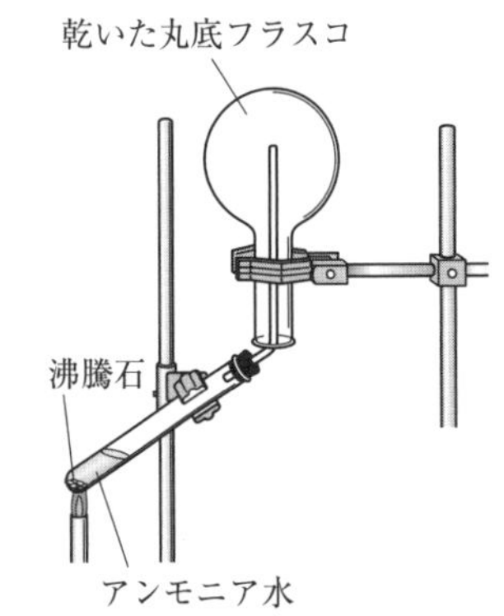

〈岐阜県〉

水溶液の性質

例題

正答率

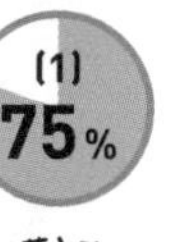

物質**X**の水溶液について調べた。右の図のグラフは，水の温度と100gの水に飽和するまでとける物質**X**の質量との関係を表したものである。

(1) 水溶液における水のように，溶質をとかす液体を，溶質に対し何というか。

(2) 50℃の水100gに物質**X**を40gとかした。この水溶液を50℃からゆっくりと冷やしたとき，物質**X**の結晶が出始める温度は，およそ何℃か。最も適切なものを**ア**～**エ**から1つ選び，記号で答えなさい。

ア 15℃　**イ** 25℃　**ウ** 35℃　**エ** 45℃

〈愛媛県〉

解き方・考え方

(1) 溶質とは，液体にとけている物質のこと。水溶液における水のように，溶質をとかしている液体を溶媒という。

(2) 図のようなグラフを溶解度曲線という。溶解度曲線は，その温度の水100gにとける物質の限界の質量（溶解度）を表したものであることに注目する。温度を下げていき，溶質の質量が溶解度をこえると，とけきれなくなった溶質が結晶となって出てくる。よって，100gの水にとける物質**X**の質量が40gになるときの水の温度をグラフから読みとればよい。

解答 **(1) 溶媒　(2) イ**

入試必出! 要点まとめ

■ 水溶液

- 物質を水にとかしてできた，透明な液体。色がついていることもある。
- 濃度はどこも均一。
- とけている物質を溶質，物質をとかしている液体を溶媒という。
- 溶媒が水のときの溶液を，特に水溶液という。

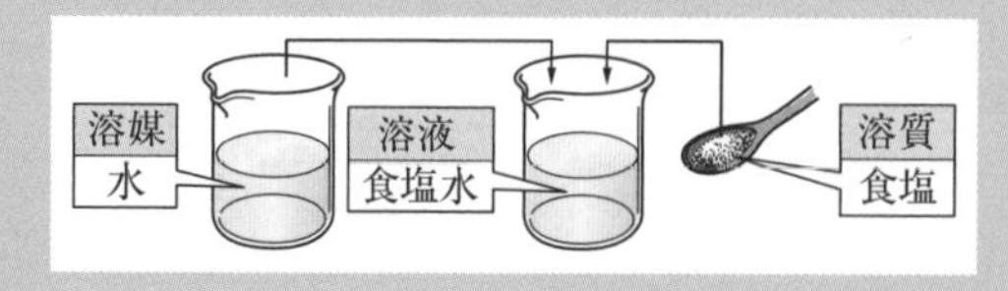

■ 再結晶

- 一度水にとかした固体を，再び結晶としてとり出すこと。

■ 溶解度

- ある温度で，100gの水にとかすことのできる物質の限界の質量。

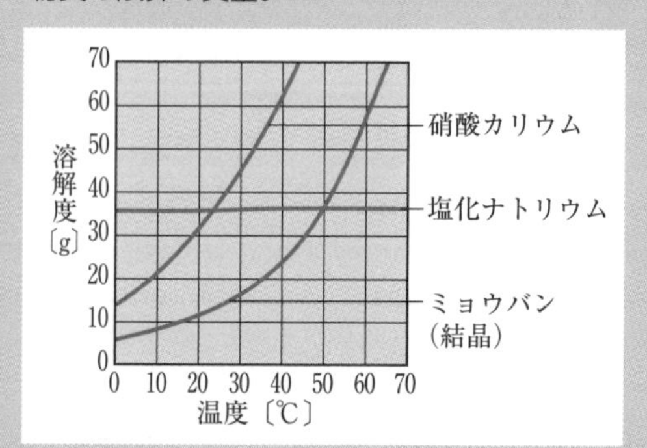

実力チェック問題

解答・解説 別冊 P. 5

1

Sさんは，物質がとけるようすを調べた。

【実験】

①２本の試験管に水をそれぞれ10.0g入れ，一方の試験管に食塩2.0gを加え，もう一方の試験管にホウ酸2.0gを加えた。

②①の試験管をよく振ったところ，食塩はすべてとけて透明な水溶液になったが，ホウ酸はとけきれずに試験管の底に残った。

62% (1) 実験の②でできた食塩の水溶液の質量はどのようになるか。ア～エの中から１つ選び，記号で答えなさい。

ア　12.0gになる。　**イ**　12.0gより少し大きくなる。

ウ　12.0gより少し小さくなる。　**エ**　温度によって変わるので，わからない。

75% (2) 右の略図は，ろ過のしかたを途中までかいたものである。ろ過した液を集めるビーカーを適切な位置にかき加え，略図を完成させなさい。

〈埼玉県〉

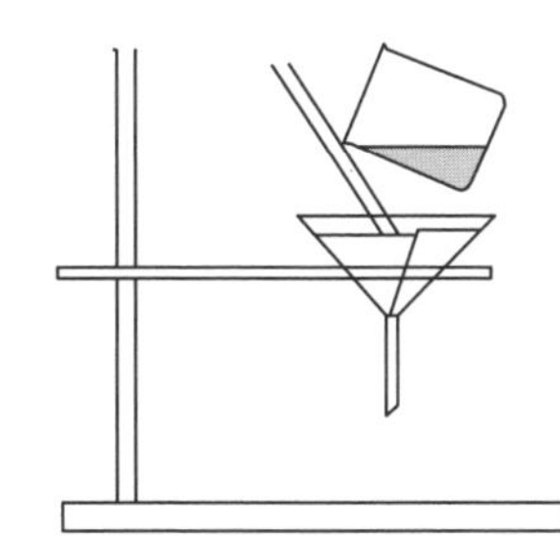

ろ過した液を集めるビーカー

2

右の図は，３種類の物質A～Cについて100gの水にとける物質の質量と温度の関係を表している。

絶対落とすな!! 82% (1) 60℃の水150gが入ったビーカーを３つ用意し，物質A～Cをそれぞれ120g加えたとき，すべてとけることができる物質として適切なものを，A～Cから１つ選んで，その記号を書きなさい。

70% (2) 40℃の水150gが入ったビーカーを３つ用意し，物質A～Cをとけ残りがないようにそれぞれ加えて３種類の飽和水溶液をつくり，この飽和水溶液を20℃に冷やすと，すべてのビーカーで結晶が出てきた。出てきた結晶の質量が①最も多いものと②最も少ないものを，A～Cからそれぞれ１つ選んで，その記号を書きなさい。

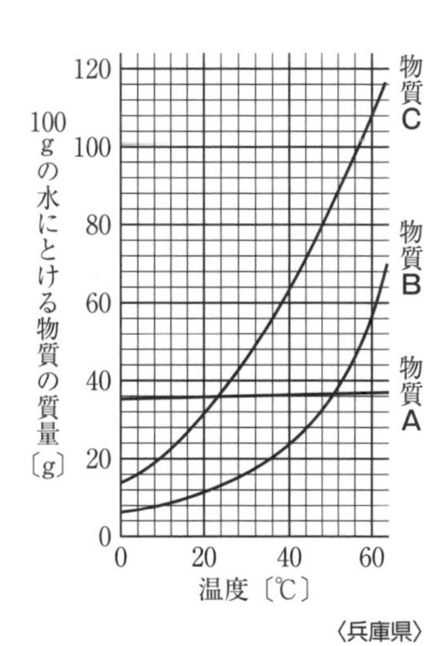

〈兵庫県〉

化学 

状態変化

例題

正答率

右の**表1**はパルミチン酸とエタノールのそれぞれの融点と沸点を示したものである。実験室で固体のパルミチン酸と液体のエタノールをそれぞれ少量ずつ別々の試験管に入れ，おだやかに加熱した場合，40℃になったときのパルミチン酸とエタノールの状態を組み合わせたものとして適切なものは，下の表の**ア**～**エ**のうちではどれか。記号で答えなさい。

表1

	融点〔℃〕	沸点〔℃〕
パルミチン酸	63	360
エタノール	－115	78

	40℃になったときのパルミチン酸の状態	40℃になったときのエタノールの状態
ア	固体	液体
イ	固体	気体
ウ	液体	気体
エ	液体	液体

〈東京都〉

解き方・考え方

融点とは，物質が固体から液体に変化する温度のこと。沸点とは，液体が沸騰して気体に変化する温度のこと。40℃は，パルミチン酸では融点よりも低い温度なので，パルミチン酸は固体の状態である。また40℃は，エタノールでは融点よりも高く，沸点よりも低い温度なので，エタノールは液体の状態である。

解答 ア

入試必出！ 要点まとめ

■ **状態変化**

● 固体⇔液体⇔気体のように，温度によって物質の状態が変わること。

■ **物質の融点**

● 物質が固体から液体に変化する温度。

● 混合物の融点は決まった温度にならない。

・ 純粋な物質（純物質）　・ 混合物

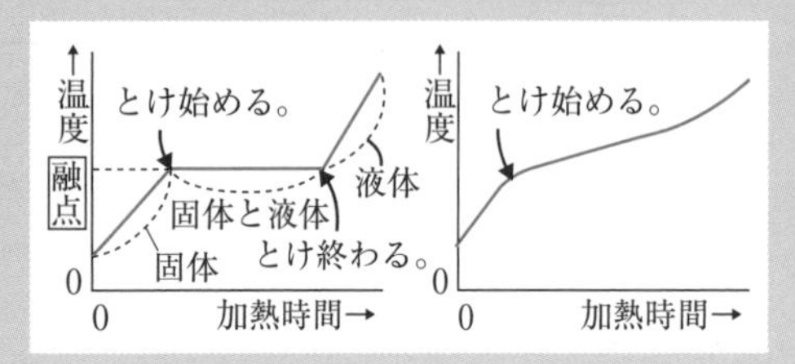

■ **物質の沸点**

● 液体の物質が沸騰して気体に変化する温度。

● 混合物の沸点は決まった温度にならない。

・ 純粋な物質　・ 混合物

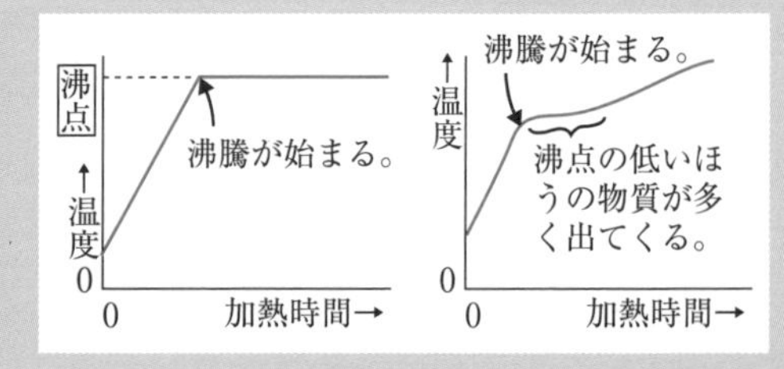

■ **蒸留**

● 沸点のちがう混合物を沸騰させ，出てくる気体を冷やして再び液体としてとり出すこと。

1

ビーカーに水を入れて加熱したところ，右のグラフのように水の温度は上昇してt℃で一定となり，水の中から激しく気体が発生し続けた。このときの温度を［ A ］という。
水の中から激しく発生し続けた気体について述べたものと［ A ］にあてはまる語句を組み合わせたものとして適切なのは，下の表の**ア**～**エ**のうちではどれか。記号で答えなさい。

温度〔℃〕　t　0　0　加熱時間〔分〕

	水の中から激しく発生し続けた気体	［ A ］にあてはまる語句
ア	水の中に含まれている酸素である。	融点
イ	水の中に含まれている酸素である。	沸点
ウ	水が水蒸気に変化したものである。	融点
エ	水が水蒸気に変化したものである。	沸点

〈東京都〉

2

【実験１】**図１**のように，エタノール７cm^3と沸騰石を入れた試験管を，沸騰させた水に入れて熱し，エタノールの温度を30秒ごとに測定した。表はその結果をまとめたものである。
【実験２】エタノール３cm^3と水７cm^3を混ぜてつくった混合物を，**図２**のように試験管に入れ，弱い火で熱した。出てきた液体を試験管**A**，**B**，**C**の順に約２cm^3ずつ集めた。３本の試験管にたまった液体について，においのちがいや，火がつくかどうかを調べた。その結果，試験管**A**にたまった液体が最も多くエタノールを含んでいることがわかった。

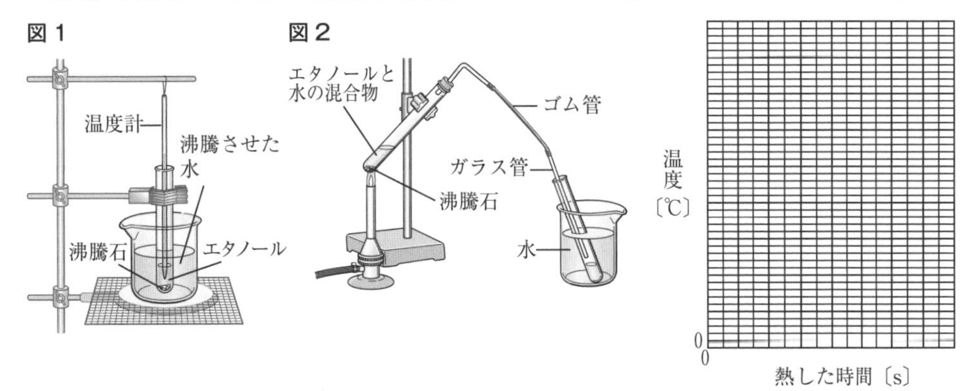

熱した時間〔s〕	0	30	60	90	120	150	180	210
温度〔℃〕	22.0	36.0	50.0	64.0	78.0	78.0	78.0	78.0

(1) 表をもとに，熱した時間と温度の関係を上のグラフにかきなさい。なお，グラフの縦軸と横軸には，適切な数値を書きなさい。

(2) エタノールの沸点は何℃か。また，その温度を沸点と判断した理由を説明しなさい。

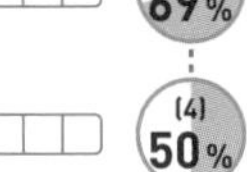

(3) 液体を沸騰させて出てくる気体を冷やし，再び液体としてとり出す方法を何というか。

(4) 実験２で，試験管**A**にたまった液体が最も多くエタノールを含んでいる理由を簡潔に説明しなさい。

〈岐阜県〉

化学

物質の分解

例題

正答率
(1) 名称 81%　絶対落とすな!!
(1) 方法 72%
(2) 77%

右の図のように，うすい水酸化ナトリウム水溶液を電気分解装置に入れ，電気分解装置の電極に手回し発電機をつないだ。その後，同じ方向へ一定の速さで手回し発電機のハンドルを回すと，陽極側の管と陰極側の管に気体が発生した。表はその結果をまとめたものである。

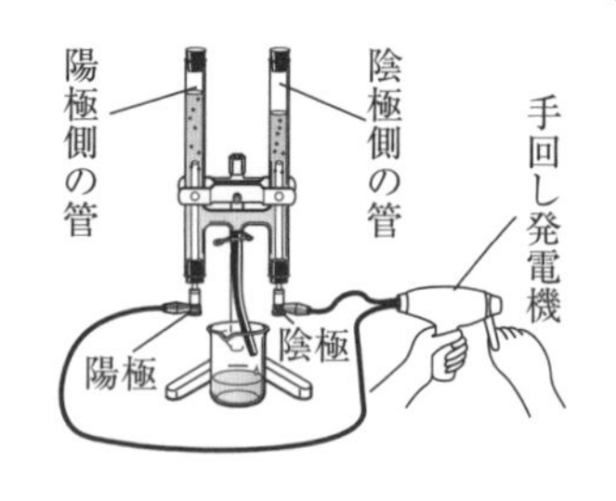

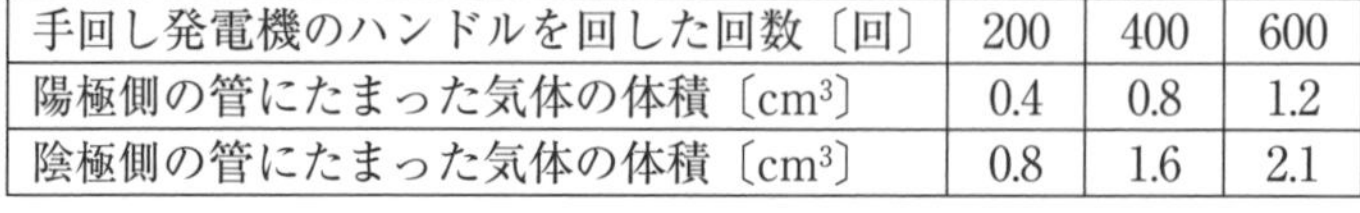

手回し発電機のハンドルを回した回数〔回〕	200	400	600
陽極側の管にたまった気体の体積〔cm^3〕	0.4	0.8	1.2
陰極側の管にたまった気体の体積〔cm^3〕	0.8	1.6	2.1

(1) 陽極側の管にたまった気体は何か。名称を書きなさい。また，その気体であることを確かめるには，どのようにすればよいか。

(2) 実験では，水から２種類の気体ができる化学変化が起きた。このように，１種類の物質から２種類以上の物質ができる化学変化を何というか。

〈奈良県〉

解き方・考え方

(1)　水を電気分解すると，陽極側から酸素，陰極側から水素が発生する。また，酸素にはものを燃やすはたらきがあるので，酸素であることを確かめるには，火のついた線香を入れて線香が炎を上げて燃えることを確かめればよい。

(2)　1種類の物質から2種類以上の物質ができる化学変化を，分解という。

解答　(1) 名称…酸素
　方法…（例）火のついた線香を入れる。
(2) 分解

入試必出！ 要点まとめ

■ 分解

● 1種類の物質から2種類以上の物質ができる反応。

■ 炭酸水素ナトリウムの分解

炭酸水素ナトリウム→
　炭酸ナトリウム＋水＋二酸化炭素

炭酸水素ナトリウム
炭酸ナトリウムができる。
二酸化炭素
石灰水
白くにごる。
水
水

■ 酸化銀の分解

酸化銀→銀＋酸素

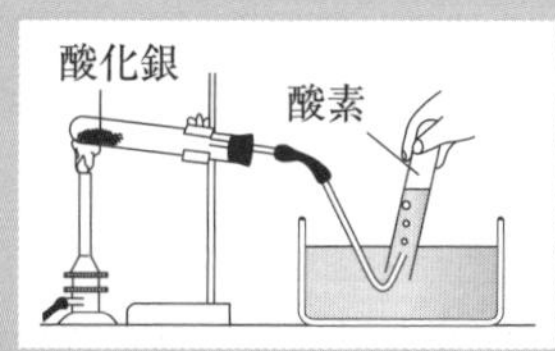

試験管に残った白色の固体を薬さじなどでこすると，銀色で金属光沢が出る。
⇨銀

■水の分解（電気分解）

水　→水素＋酸素
（体積比）　2　：　1

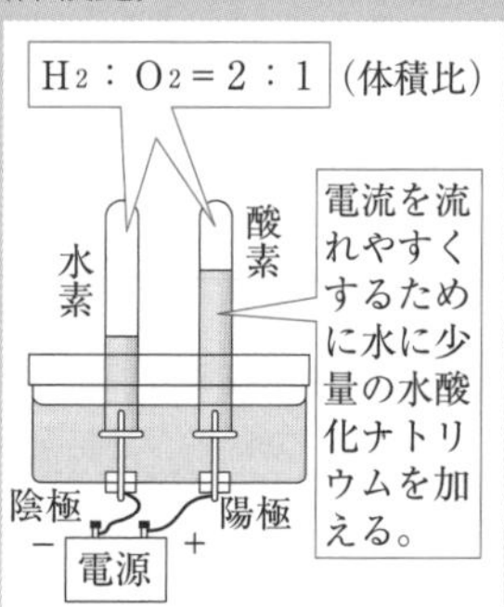

実力チェック問題

解答・解説 別冊 P. 5

1

【実験1】右の図のように，炭酸水素ナトリウムを乾いた試験管Aに入れて加熱し，ガラス管の先から出てきた気体を試験管Bに集めた。気体が出なくなったあと，ガラス管を水の中から出し，加熱をやめた。試験管Aを観察すると，口の内側に液体が見られ，底に白い固体が残っていた。

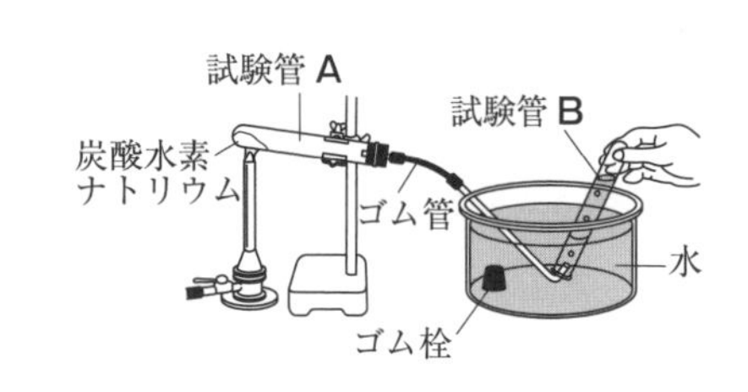

【実験2】実験1で気体を集めた試験管Bに，石灰水を入れてよく振ったところ，石灰水が白くにごった。また，試験管Aの口の内側に見られた液体を，青色の塩化コバルト紙につけると，塩化コバルト紙の色がうすい赤色に変わった。

【実験3】炭酸水素ナトリウムと，加熱後の試験管Aに残った白い固体を，それぞれ別の試験管に同じ量ずつとり，水を加えてよく振って水へのとけ方を調べた。さらに，それぞれの試験管にフェノールフタレイン溶液を加えたときの色を観察した。表は，その結果をまとめたものである。

	炭酸水素ナトリウム	加熱後の試験管Aに残った白い固体
水へのとけ方	とけ残った。	全部とけた。
フェノールフタレイン溶液を加えたときの色	うすい赤色	こい赤色

(1) 67%
絶対落とすな!! (2) 87%
絶対落とすな!! (3) 86%
絶対落とすな!! (4) 81%
絶対落とすな!! (5) 80%

(1) 実験1で，試験管Aの口を底より少し下げて加熱する理由を簡潔に説明しなさい。

(2) 実験1で，試験管Bに気体を集める方法を何というか。

(3) 実験2から，試験管Bに集めた気体は何とわかるか。化学式で書きなさい。

(4) 実験2から，試験管Aの口の内側に見られた液体は何とわかるか。言葉で書きなさい。

(5) 実験3から，加熱後の試験管Aに残った白い固体の水溶液は何性とわかるか。

〈岐阜県〉

2

右の図のような装置を用いて酸化銀を加熱した。下の文は，その実験について生徒が発表した内容の一部である。

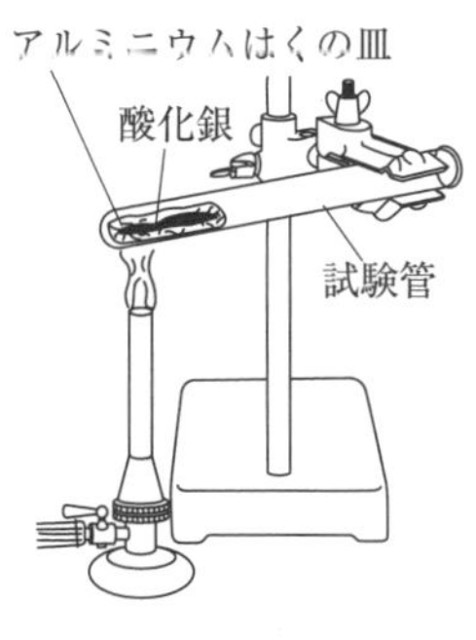

酸化銀を加熱し，その色が変わり始めたころ，火のついた線香を試験管の中に入れると線香が炎を出して燃えた。このことから，酸素が発生していることがわかった。酸化銀全体が白っぽい色の物質に変わったところで加熱をやめ，冷やしたあと，アルミニウムはくの皿に残った物質をとり出した。とり出した白っぽい色の物質は，電流が① {P 流れ　Q 流れず}，金づちでたたくと② {R 粉々になり　S うすく広がり}，乳棒でこすると表面が光った。これらのことから，この物質は，銀であると考えた。

絶対落とすな!! 87%
69%

(1) 文中の①，②の { } 内の語句から，それぞれ適切なものを1つ選びなさい。

(2) この化学変化を化学反応式で表すとどうなるか。下の（ ア ），（ イ ）に化学式を入れて完成させなさい。

　2（ ア ）→ 4 Ag +（ イ ）

〈福岡県〉

物質どうしが結びつく化学変化

例題

正答率

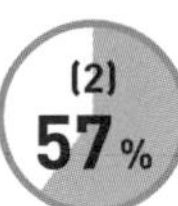

鉄粉4.9gと硫黄の粉末3.2gをよく混ぜ合わせたあと，試験管に移し，脱脂綿でゆるく栓をした。次に，図のように混合物の上部をガスバーナーで加熱した。混合物の上部が赤くなり，鉄と硫黄の反応が始まったところで加熱をやめたが，その後も反応は続き，混合物は<u>黒い物質</u>となった。また，試験管の内壁には硫黄が付着していた。

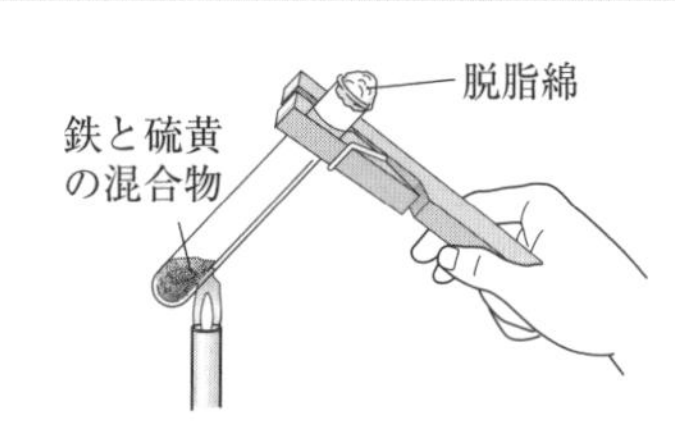

(1) 下線部の黒い物質の化学式を書きなさい。

(2) この実験で，すべての鉄が黒い物質に変化したとすると，鉄と反応しなかった硫黄は何gか。ただし，鉄と硫黄は7：4の質量の比で反応するものとする。

〈栃木県〉

解き方・考え方

(1) 鉄（Fe）と硫黄（S）の混合物を加熱すると，鉄と硫黄が結びついて，黒い物質である硫化鉄（FeS）ができる。硫化鉄は，鉄とも硫黄ともちがう性質をもつ物質である。

(2) 鉄粉4.9gと反応した硫黄の質量をxgとして計算する。反応する鉄と硫黄の質量の比は7：4なので，4.9g：xg＝7：4　x＝2.8より，反応した硫黄は2.8gである。
よって，鉄と反応しなかった硫黄の質量は，
3.2g－2.8g＝0.4gである。

解答 (1) FeS　(2) 0.4g

入試必出！ 要点まとめ

■ 鉄と硫黄が結びつく変化

- 鉄＋硫黄→硫化鉄
- 反応が始まると，加熱をやめても反応は続く。
- 硫化鉄は，鉄とも硫黄とも異なる性質をもつ。

	鉄と硫黄の混合物	硫化鉄
磁石を近づけたときの反応	くっつく。	くっつかない。
塩酸を加えたときの反応	水素が発生。	硫化水素が発生。

■ そのほかの物質どうしが結びつく変化

- 水素＋酸素→水
- 炭素＋酸素→二酸化炭素
- 鉄＋酸素→酸化鉄
- 銅＋酸素→酸化銅
- マグネシウム＋酸素→酸化マグネシウム
- 銅＋硫黄→硫化銅

実力チェック問題

解答・解説 別冊 P. 6

1

図1のように，針金で固定したスチールウールを，ガスバーナーで加熱した。次に，**図2**のように，炎からはずして，すぐにガラス管で空気をゆっくりと送った。次の問いに答えなさい。

図1

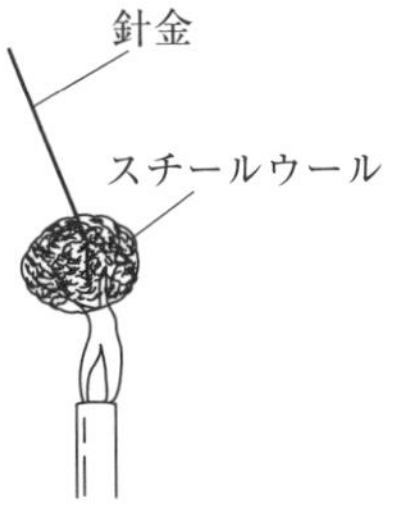

針金

スチールウール

図2

ガラス管

空気を送る。

(1) **図2**で，空気を送る理由として最も適切なものを次の**ア**～**エ**から１つ選び，記号で答えなさい。

ア　はやく冷やすため。　　**イ**　ゆっくり加熱するため。

ウ　酸素を十分に送るため。　　**エ**　二酸化炭素を十分に送るため。

(2)「金属光沢がなくなった」や「もろくなった」こと以外で，加熱後の物質が，鉄とは別の物質になったことを確認する実験の方法を，１つ簡潔に書きなさい。

(3) 下の□内は，これらの実験についてのまとめとして，先生が生徒に説明した内容の一部である。（　**ア**　），（　**イ**　）に適切な語句を入れなさい。

> スチールウールを加熱すると，スチールウールの鉄は（　**ア**　）という物質に変わる。また，いろいろなものに使われている鉄板は，そのまま空気中に長く放置しておくと，表面に（　**イ**　）と呼ばれるものが生じる。鉄板の表面にできた（　**イ**　）のおもな成分は，鉄がゆっくり変化してできた（　**ア**　）である。

〈福岡県〉

2

【実験】右の図のように，乳ばちに鉄粉5.6gと硫黄（粉末）3.2gを入れて乳棒で十分に混ぜ合わせ，一部を試験管に入れた。
この試験管をガスバーナーで加熱して，混合物の色が赤く変わり始めたところで加熱をやめた。
その後も反応が進んで鉄と硫黄はすべて反応し，<u>黒い物質</u>が生じた。

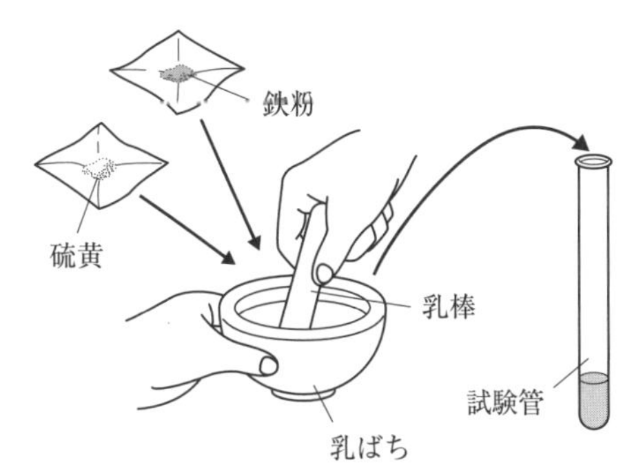

79%

(1) 下線部の黒い物質は何か，物質名を答えなさい。

76%

(2) 図の試験管を加熱したときに起こった化学変化を化学反応式で表しなさい。

〈鳥取県〉

化学　酸化と還元

例題

正答率 74%

次の文は，Kさんと先生の会話である。会話の中の**X**，**Y**，**Z**にあてはまるものの組み合わせとして最も適するものを，あとの**ア**～**エ**の中から1つ選び，記号で答えなさい。

Kさん：先生，製鉄所で酸化鉄から鉄をとり出していたように，実験では酸化銅から銅がとり出せたものと思います。金属の酸化物に炭素を入れて加熱すると，酸化物から酸素が失われるのですね。

先　生：そうです。このときの酸化物の化学変化を（　**X**　）といいます。

Kさん：酸化銅と炭素の粉末を加熱して生じた気体は，炭素が（　**Y**　）されてできたと教科書に書いてありました。この実験で，（　**X**　）と（　**Y**　）は（　**Z**　）ことがわかりました。

ア　**X**－酸化，**Y**－還元，**Z**－同時に起こる
イ　**X**－酸化，**Y**－還元，**Z**－同時には起こらない
ウ　**X**－還元，**Y**－酸化，**Z**－同時に起こる
エ　**X**－還元，**Y**－酸化，**Z**－同時には起こらない

〈神奈川県〉

解き方・考え方

酸化銅などの金属の酸化物に炭素を入れて加熱すると，酸化物から酸素が失われる。このような化学変化を還元という。
酸化銅と炭素の粉末を加熱すると，酸化銅は還元されて銅になり，炭素は酸化されて二酸化炭素ができる。つまり，酸化と還元は同時に起こる。
　酸化銅＋炭素→銅＋二酸化炭素

解答　ウ

入試必出！ 要点まとめ

■ 酸化
- 物質が酸素と結びつくこと。
- 鉄などの金属のさびも酸化の例の1つ。

■ 燃焼
- 物質が熱や光を出しながら激しく酸化される変化。
  (例) マグネシウムの燃焼
- 有機物を燃焼させると，二酸化炭素と水ができる。

■ 還元
- 酸化物から酸素が失われる化学変化。
- 炭素や水素は銅よりも酸素と結びつきやすい。
- 還元と酸化は同時に起こる。
  (例) 酸化銅の還元

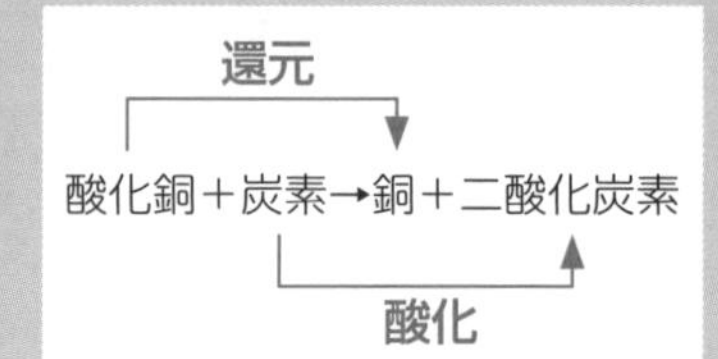

1

マグネシウムの燃焼について調べるために，次の実験を行った。

①マグネシウムリボンを空気中で燃やすと，白い粉末が残った。

②右の図のように，二酸化炭素で満たされた集気びんに火のついたマグネシウムリボンを入れると，すべてよく燃えた。その後，集気びんの底を観察すると白い粉末と黒い粉末が残っていた。

③②で残っていた白い粉末を調べると，①でできた物質と同じであることがわかった。

67%　(1) ①でできた白い粉末は何か。物質名を書きなさい。

50%　(2) 次の化学反応式は，②の化学変化のようすを表したものである。(a)，(b)にあてはまる化学式を書きなさい。ただし，(a)には白い粉末，(b)には黒い粉末の化学式が入る。

$$2Mg + CO_2 \longrightarrow 2(\ a\ ) + (\ b\ )$$

〈大分県〉

2

【実験】①右の図のような装置を組んで，試験管Aには酸化銀の粉末，試験管Bには酸化銅の粉末と炭素の粉末を入れて加熱し，ガラス管の先から出てくる気体を石灰水に通し，石灰水のようすを観察した。

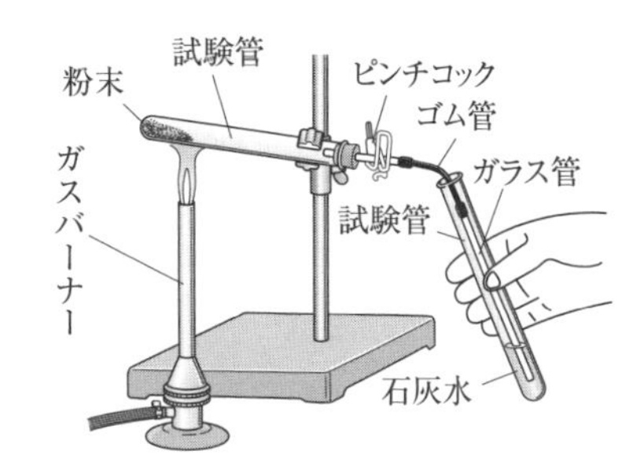

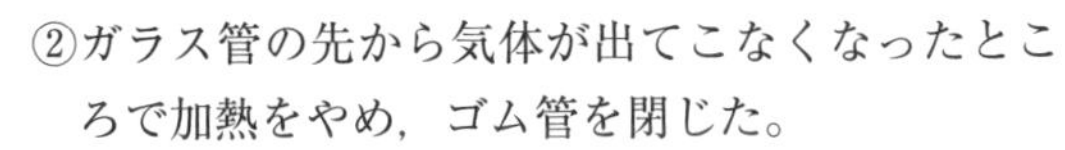
②ガラス管の先から気体が出てこなくなったところで加熱をやめ，ゴム管を閉じた。

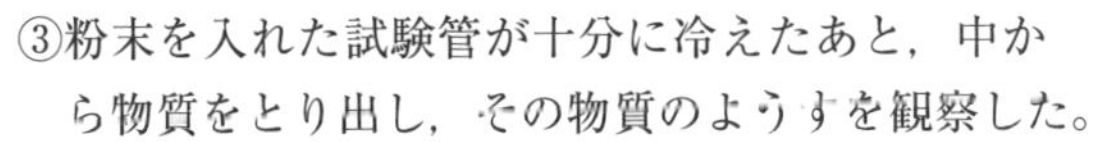
③粉末を入れた試験管が十分に冷えたあと，中から物質をとり出し，その物質のようすを観察した。

(1) 試験管Aに残った白い固体が金属であることを確かめるには，電気や熱を通す性質を調べるほかに，どのような性質を調べればよいか。2つ書きなさい。

(2) 次は，①において，試験管Bの中で起こった化学変化を化学反応式で表したものである。[a]，[b]にあてはまる化学式を，それぞれ書きなさい。

(2)b 75%

$$2CuO + C \longrightarrow 2\boxed{\ a\ } + \boxed{\ b\ }$$

(3) 製鉄所の溶鉱炉では酸化鉄を多く含む鉄鉱石に，炭素を主成分とするコークスなどを加え，高温で還元して鉄をとり出している。還元とはどのような化学変化か，書きなさい。

〈山形県・改〉

化学変化と質量の保存

例題

正答率 56%

【実験】次の①～③の手順で，ペットボトル全体の質量を電子てんびんで，それぞれ測定した。

①右の図のように，うすい塩酸20cm³を入れた試験管と石灰石0.25gをペットボトルに入れ，ふたを閉じてペットボトル全体の質量を測定したところ，61.95gであった。

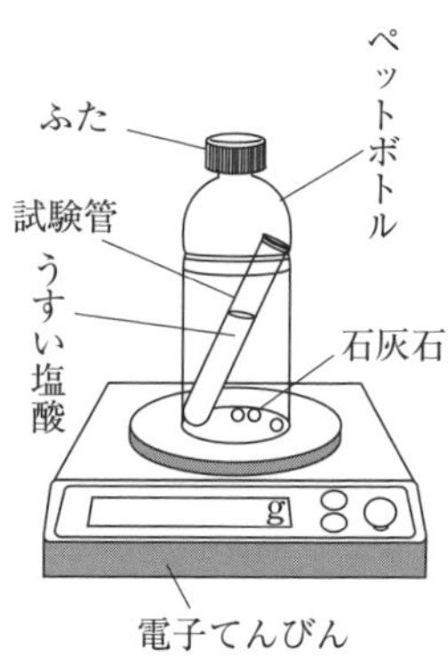

②次に，ふたを閉じたままペットボトルを傾け，塩酸をすべて試験管から出して，石灰石と反応させたところ，気体が発生した。気体の発生が終わってから，ペットボトル全体の質量を測定したところ，61.95gであった。

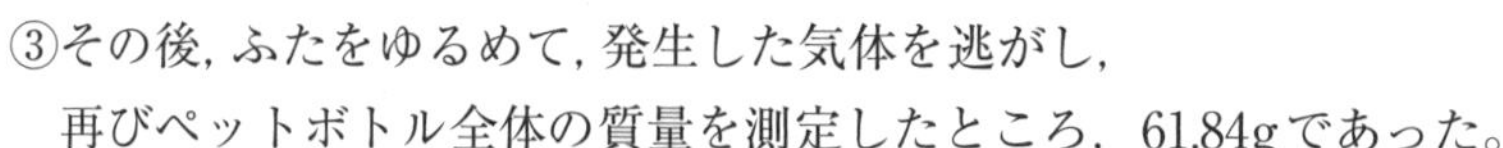

③その後，ふたをゆるめて，発生した気体を逃がし，再びペットボトル全体の質量を測定したところ，61.84gであった。

発生した気体の質量は何gか，求めなさい。

〈新潟県〉

解き方・考え方

うすい塩酸と石灰石を反応させると二酸化炭素が発生する。②のように，密閉した状態で反応させたとき，反応の前後で物質全体の質量は変化しない。このような法則を，質量保存の法則という。しかし，③でペットボトルのふたをゆるめて発生した二酸化炭素を空気中に逃がしたので，逃げた二酸化炭素の分だけペットボトル全体の質量は小さくなる。よって，発生した気体の質量は，②で測定したペットボトル全体の質量－③で測定したペットボトル全体の質量　で求められ，61.95g－61.84g＝0.11gである。

解答 0.11g

入試必出！ 要点まとめ

■ 質量保存の法則

- 化学変化の前後では，物質全体の質量は変化しない。
  ↓
  化学変化の前後で原子の組み合わせは変わるが，原子の種類と数は変わらないため。
- 質量保存の法則は，すべての化学変化で成り立つ。
- 気体が発生する化学変化では，密閉していない状態では，発生して空気中へ出ていった気体の質量の分だけ全体の質量は小さくなる。

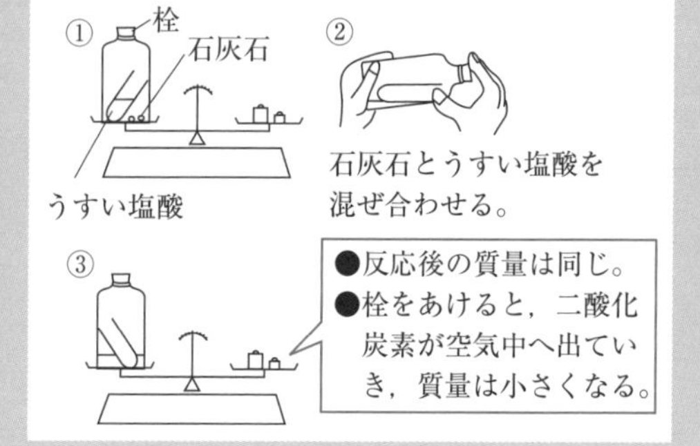

実力チェック問題

解答・解説 別冊 P. 6

1

【実験】塩化アンモニウムを1g入れたビーカー**A**と，水酸化バリウムを3g入れたビーカー**B**を用意し，**図1**のように，ビーカー**A**，**B**とガラス棒を電子てんびんにのせ，全体の質量を測定したところ，Xgであった。次に，**図2**のようにビーカー**A**の塩化アンモニウムをビーカー**B**の水酸化バリウムに加え，ガラス棒でよく混ぜたあと，再びビーカー**A**，**B**とガラス棒を電子てんびんにのせ，全体の質量を測定したところ，Ygであった。

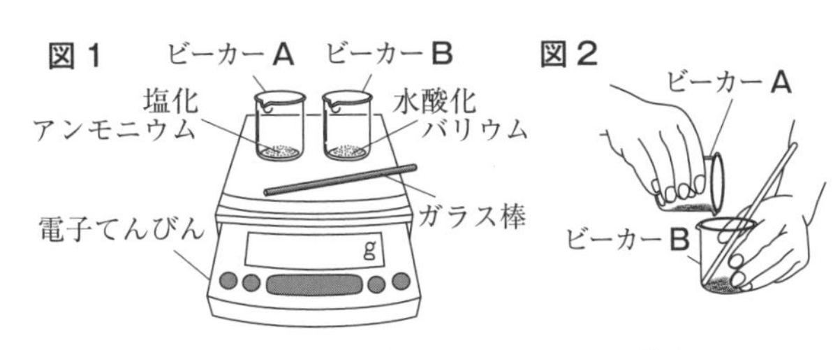

次の文の(a)にあてはまるものを**ア**〜**ウ**から選び，[(b)]にあてはまる語句を書きなさい。

【実験】と同様の実験を，右の図のようにチャックつきのビニル袋を用いて密閉した状態で行うと，塩化アンモニウムと水酸化バリウムを混ぜる前後で，電子てんびんにのせた物質全体の質量は変わらないことがわかる。これは，化学変化の前後で，ビニル袋内の物質をつくっている原子の(a) {**ア** 数と組み合わせ　**イ** 種類と組み合わせ　**ウ** 種類と数} が変わらないためである。この実験からわかるように，化学変化の前後で，物質全体の質量は変わらない。これを[(b)]の法則という。

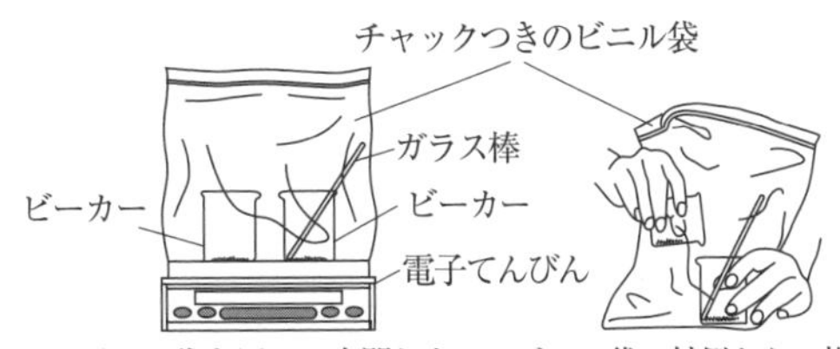

ビニル袋を用いて密閉した状態での質量測定　　ビニル袋の外側からの操作

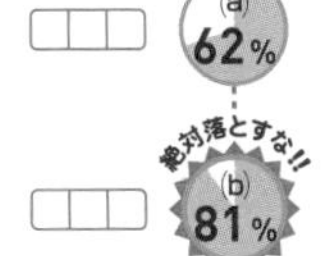

〈北海道〉

2

【実験】ペットボトル**A**〜**F**を準備し，その中に塩酸5 cm³の入った試験管を入れ，右の図のようにして質量を測定した。次に，それぞれのペットボトルに質量のちがう石灰石を入れてしっかりとふたをし，塩酸と石灰石を混ぜて気体を発生させたあと，全体の質量を測定した。さらに，石灰石がとけたかどうかを確認したあとふたを開け，もう一度全体の質量を測定した。

ふた
試験管
ペットボトル
塩酸
60.8g
電子てんびん

	ペットボトル	A	B	C	D	E	F
反応前	石灰石を入れる前の質量〔g〕	60.8	61.0	60.5	60.8	60.7	61.2
	石灰石の質量〔g〕	0.5	1.0	1.5	2.0	2.5	3.0
反応後	ふたを開ける前の質量〔g〕	61.3	62.0	62.0	62.8	63.2	64.2
	ふたを開けたあとの質量〔g〕	61.1	61.6	61.4	62.0	62.4	63.4
	石灰石がとけたかどうか	すべてとけた	すべてとけた	すべてとけた	すべてとけた	一部残った	一部残った

実験の結果をもとに，石灰石の質量と発生した気体の質量の関係を右のグラフに表しなさい。

発生した気体の質量〔g〕 1.0 0.8 0.6 0.4 0.2 0
0 1.0 2.0 3.0
石灰石の質量〔g〕

〈滋賀県〉

化学

質量変化の規則性

例題

正答率

【実験】①電子てんびんでステンレス皿の質量をはかり，その中に銅の粉末1.00gを入れた。

②①の銅の粉末をうすく広げ，ガスバーナーで５分間加熱した。よく冷ましたあと，ステンレス皿全体の質量をはかり，ステンレス皿上の銅の粉末がまわりにとびちらないように注意して，よくかき混ぜた。

③②の操作をくり返し，加熱後のステンレス皿内の粉末だけの質量を計算し，その結果を表にまとめた。

加熱した回数	1	2	3	4	5
加熱後の粉末の質量〔g〕	1.12	1.22	1.25	1.25	1.25

表で，３回目以降は加熱後の粉末の質量は変化しなかったことから，加熱によって，ステンレス皿内の粉末がすべて酸化銅になったと考えられる。酸化銅ができるときの，銅と酸素の質量の比として，最も適切なものを**ア**～**エ**から１つ選び，記号で答えなさい。

ア　1：4　**イ**　4：1　**ウ**　4：5　**エ**　5：4　〈宮城県〉

解き方・考え方

まずは，銅の粉末1.00gと結びついた酸素の質量を表から求める。銅の粉末1.00gを質量が変わらなくなるまで加熱すると，加熱後の粉末の質量が1.25gになったことから，銅1.00gと結びついた酸素の質量は，
1.25g－1.00g＝0.25gである。

よって，銅と結びついた酸素の質量の比は，
銅：酸素＝1.00g：0.25g＝4：1　となる。
このように，化学変化に関係する物質の質量の割合は常に一定になっている。

解答　イ

入試必出！要点まとめ

■反応する物質どうしの質量の割合

● 化学変化に関係する物質の質量の割合は，常に一定である。

● **銅と酸素が結びつく変化**
銅：酸素＝4：1

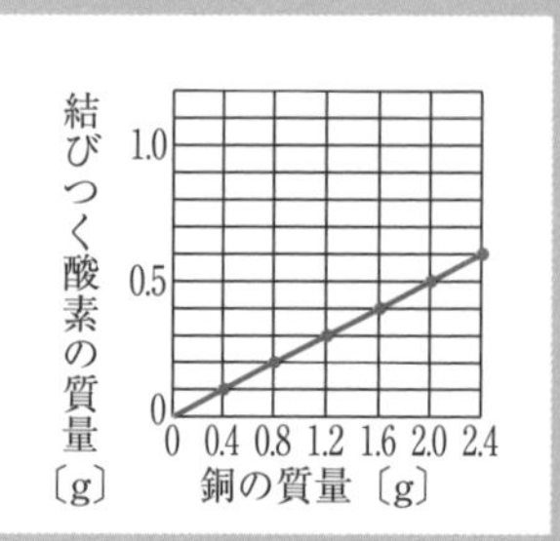

● **マグネシウムと酸素が結びつく変化**
マグネシウム：酸素＝3：2

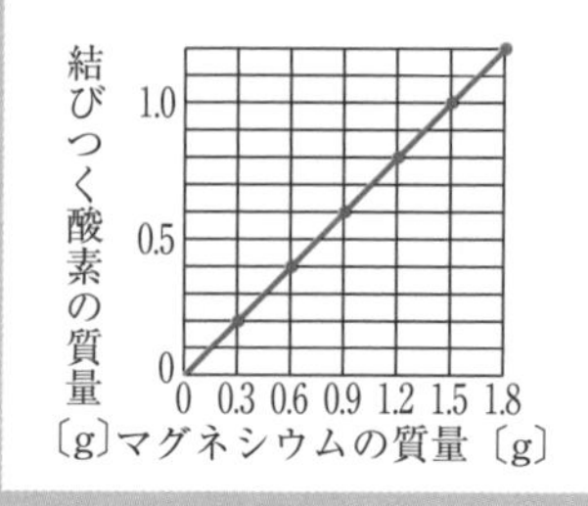

実力チェック問題

解答・解説 別冊 P. 7

1

【実験】酸化銅を質量を変えてはかりとり，それぞれに細かくしたロウ0.5gをよく混ぜ合わせ，図1のように熱した。実験後，どの試験管Aにも赤色の物質だけが残った。この赤色の物質の質量をはかり，もとの酸化銅の質量と，できた赤色の物質の質量の関係を，図2に表した。

図1

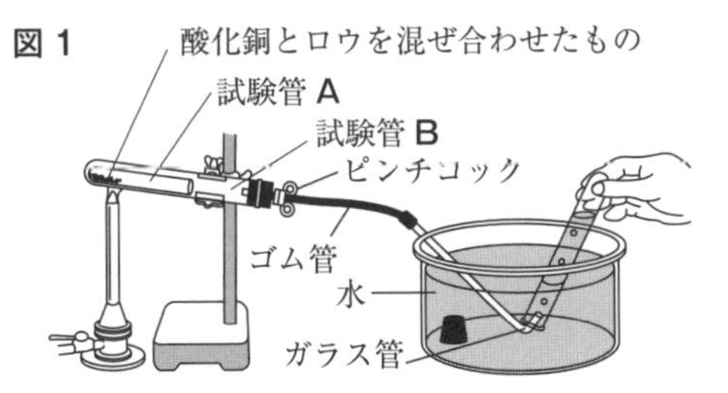

図2

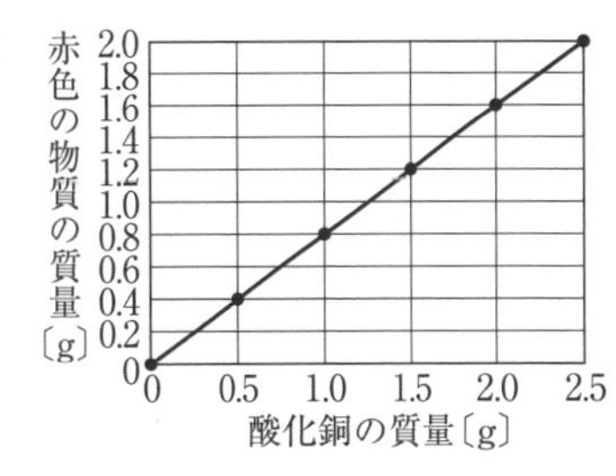

67% (1) もとの酸化銅の質量と，できた赤色の物質の質量の比を，できるだけ小さな整数の比で表しなさい。

絶対落とすな!! 82% (2) もとの酸化銅の質量と，酸化銅から失われた酸素の質量の関係を，右のグラフにかきなさい。

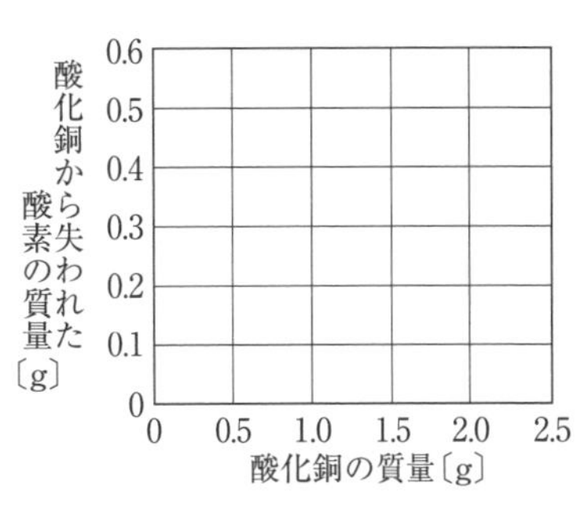

68% (3) 酸化銅から失われた酸素の質量が0.7gになるのは，もとの酸化銅の質量が何gのときか求めなさい。ただし，もとの酸化銅は，すべて赤色の物質になるものとする。 〈長野県〉

2

写真に示した実験装置を用いて，金属の粉末を加熱して酸化物をつくる実験をした。表1は銅の質量を変えて実験し，そのときの銅の質量とできた酸化銅の質量を示したものである。表2は，マグネシウムの質量を変えて実験し，そのときのマグネシウムの質量とできた酸化マグネシウムの質量を示したものである。

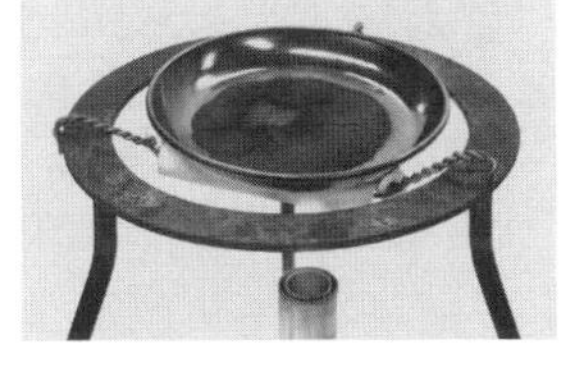

表1

銅の質量〔g〕	0.40	0.60	0.80	1.00	1.20
酸化銅の質量〔g〕	0.50	0.75	1.00	1.25	1.50

表2

マグネシウムの質量〔g〕	0.40	0.60	0.80	1.00	1.20
酸化マグネシウムの質量〔g〕	0.67	1.00	1.33	1.67	2.00

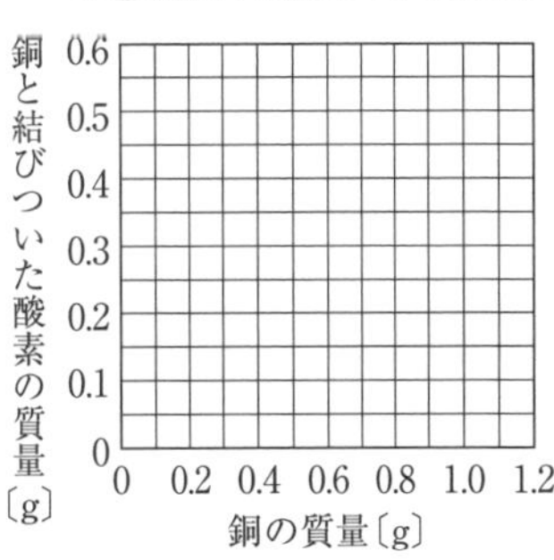

54% (1) 次の文は，この実験を安全に行うための操作について述べたものである。文中の□にあてはまる語句を書きなさい。

金属の粉末の加熱をやめたあと，□ことを確認してから，酸化物と皿全体の質量を測定する。

72% (2) 表1をもとに銅の質量と銅と結びついた酸素の質量との関係を表すグラフをかきなさい。

67% (3) 表2をもとに酸化マグネシウムに含まれるマグネシウムの質量と酸素の質量の比を求め，それを最も簡単な整数の比で書きなさい。 〈広島県〉

水溶液とイオン

例題

正答率 54%

純粋な水を入れたビーカーに食塩を入れ，よくかき混ぜたところ，食塩はすべて水にとけた。ビーカーの中の食塩のようすについて，ナトリウム原子1個を◉，ナトリウムイオン1個を◉$^{+}$，塩素原子1個を○，塩化物イオン1個を○$^{-}$というモデルを用いて表したものとして適切なのは，次のうちではどれか。

ア

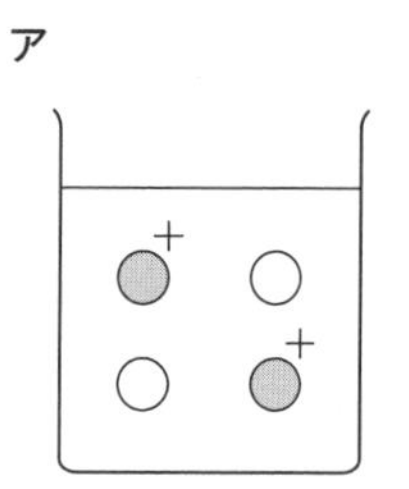

イ

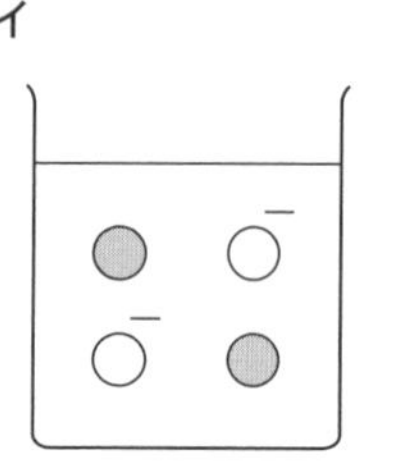

ウ

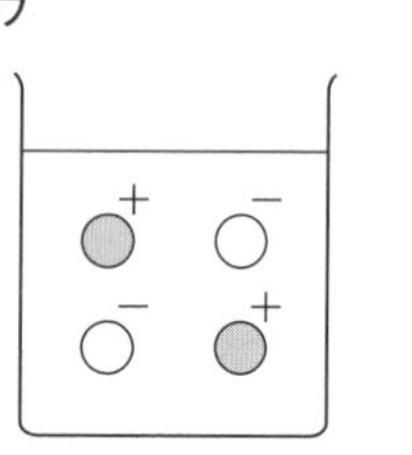

エ

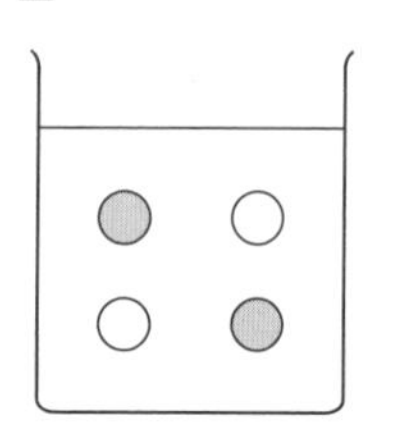

〈東京都〉

食塩（塩化ナトリウム）NaClは電解質なので，水にとけると電離して，陽イオンのナトリウムイオンNa^{+}と陰イオンの塩化物イオンCl^{-}に分かれる。

このときの電離のようすは，次のように表すことができる。

$NaCl \longrightarrow Na^{+} + Cl^{-}$

解答 ウ

入試必出！ 要点まとめ

■ 電解質と非電解質

- **電解質**…食塩や塩化銅のように，水にとけて電流が流れる物質。
- **非電解質**…砂糖やエタノールのように，水にとけても電流が流れない物質。

■ イオン

- **陽イオン**…原子が電子を失って，全体として＋の電気を帯びたもの。
- **陰イオン**…原子が電子を受けとって，全体として－の電気を帯びたもの。

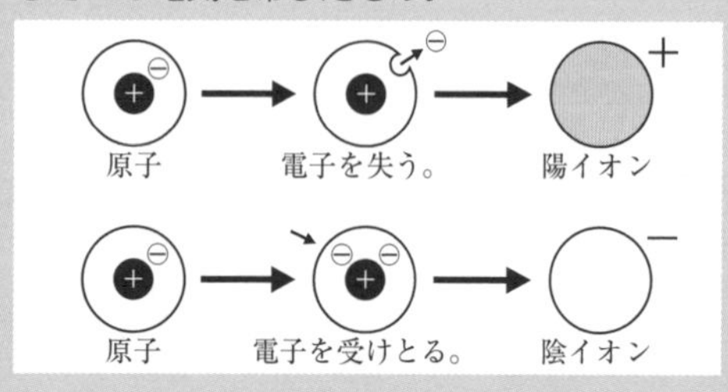

■ 電離

- 電解質が水にとけて，陽イオンと陰イオンに分かれること。
- **代表的な電離**

  塩化水素の電離：$HCl \longrightarrow H^{+} + Cl^{-}$

  水酸化ナトリウムの電離：$NaOH \longrightarrow Na^{+} + OH^{-}$

  塩化銅の電離：$CuCl_2 \longrightarrow Cu^{2+} + 2Cl^{-}$

■ 電池（化学電池）

- 物質のもつ化学エネルギーを化学変化によって電気エネルギーに変換する装置。

■ 燃料電池

- 水の電気分解と逆の化学変化を利用して，化学エネルギーを電気エネルギーに変換する装置。
- 水素＋酸素→水

  ↓

  燃料電池では，水しか生じない。

  ↓

  二酸化炭素や窒素酸化物など，有害な物質が出ないので，環境への影響が少ない。

実力チェック問題

解答・解説 別冊 P. 7

1

水溶液に電流を通したときの変化について調べるため，次の実験を行った。あとの会話は，りょうさんとかなえさんが実験の結果について話し合ったものである

【実験】

操作１．①硝酸カリウム水溶液で湿らせたろ紙を，スライドガラスにはりつけ，その中央に塩化銅水溶液のしみをつける。

操作２．右の図のような装置をつくり，ろ紙の両端に約10Vの電圧を加える。

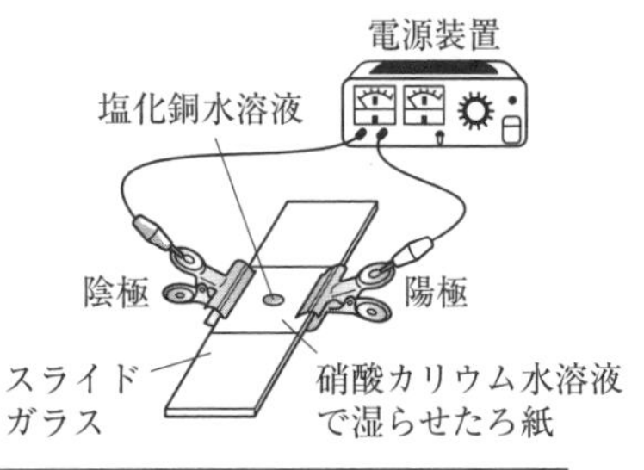

会話

りょうさん：ろ紙に電圧を加えたら,青色のしみが陰極側へ移動するのが見られたよ。なぜ，青色のしみは陰極側へ移動したのだろう。 かなえさん：この青色のしみは，②銅原子が電気を帯びたものだと思うよ。

67％ (1) 操作１の下線部①について，ろ紙を硝酸カリウム水溶液で湿らせるのはなぜか，理由を答えなさい。

絶対落とすな!! 92％ (2) 塩化銅水溶液は，塩化銅が電離しているため，電流を通す。塩化銅のように，水にとけると，水溶液が電流を通す物質を何というか，答えなさい。

51％ (3) 会話の下線部②について，銅原子が電気を帯びた理由として，最も適切なものを，次の**ア**～**エ**から１つ選び，記号で答えなさい。

ア　銅原子が陽子を受けとったから。
イ　銅原子が陽子を失ったから。
ウ　銅原子が電子を受けとったから。
エ　銅原子が電子を失ったから。

〈鳥取県〉

2

56％

①**図１**のような装置を用いて，水を電気分解したところ，電気分解装置の電極**A**側と電極**B**側にそれぞれ気体が集まった。

②**図１**の電源装置をはずし，電極**A**と電極**B**に**図２**のような電子オルゴールを接続すると，メロディーが流れた。

図１

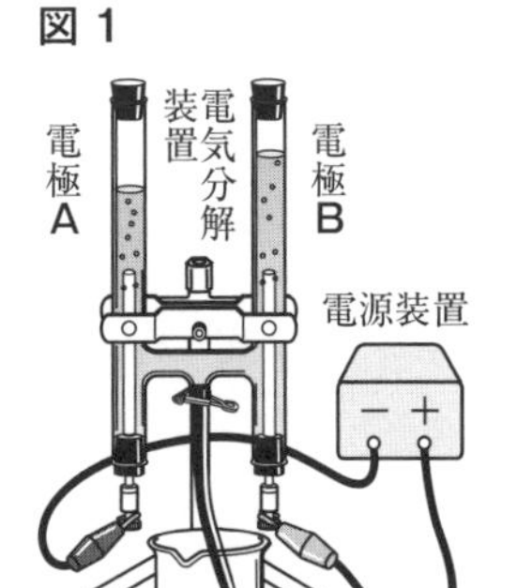

図２

②のように，水の電気分解と逆の化学変化を利用して電気エネルギーをとり出す装置は，自動車の動力源などとして普及に向けた開発が進められている。このような装置を何というか。

〈栃木県〉

酸・アルカリとイオン

例題

次の文の①，②にあてはまるものは何か。それぞれ**ア**か**イ**のどちらかを選びなさい。

正答率

ビーカーに塩化アンモニウムと水酸化バリウムを入れ，ガラス棒でかき混ぜるとアンモニアが発生した。すぐに，右の図のようにこのビーカーに水でぬらしたろ紙でふたをした。数分たってから，ろ紙にリトマス紙をつけると，① {**ア**　赤いリトマス紙が青色　**イ**　青いリトマス紙が赤色} に変わる。このようになるのは，アンモニアは水にとけると② {**ア**　酸性　**イ**　アルカリ性} を示すからである。

〈福島県〉

解き方・考え方

アンモニアは水に非常によくとける気体なので，水でぬらしたろ紙の水にすぐにとけてアルカリ性を示す。
青いリトマス紙は，酸性の液体をつけると赤色に変わるが，アルカリ性の液体をつけると青色のまま変化しない。赤いリトマス紙は，酸性の液体をつけると赤色のまま変化しないが，アルカリ性の液体をつけると青色に変わる。
このようなリトマス紙の色の変化から，液体の性質を知ることができる。

解答　①　**ア**　②　**イ**

要点まとめ

■ 水溶液の性質

	酸性	中性	アルカリ性
リトマス紙	赤→赤，青→赤	赤→赤，青→青	赤→青，青→青
BTB溶液	黄色	緑色	青色
フェノールフタレイン溶液	無色	無色	赤色
マグネシウムリボンを入れる。	水素が発生	変化なし	変化なし

■ 酸・アルカリと中和

- **酸**…水にとけて電離し，水素イオンH^+を生じる物質。
- **アルカリ**…水にとけて電離し，水酸化物イオンOH^-を生じる物質。
- **中和**…酸の水溶液とアルカリの水溶液を混ぜ合わせると，水素イオンと水酸化物イオンが結びついて水になり，酸とアルカリが互いの性質を打ち消し合う反応。
- **塩**…酸の陰イオンとアルカリの陽イオンが結びついてできた物質。

実力チェック問題

1

アンモニア水，うすい塩酸，砂糖水，食塩水，炭酸水素ナトリウム水溶液のいずれかである５種類の水溶液A～Eがある。

絶対落とすな!! 81%

(1) A～Eそれぞれを，別々の試験管に少量入れ，においを確かめたところ，Aからは特有の刺激臭がしたため，アンモニア水であることがわかった。
アンモニア水に，緑色のBTB溶液を加えると，何色に変化するか，書きなさい。

54%

(2) B～Eそれぞれを，別々の試験管に少量入れ，それぞれの試験管にマグネシウムリボンを入れて，水溶液とマグネシウムリボンとの反応のようすを観察したところ，Bを入れた試験管だけで，気体が発生した。
発生した気体は何か，化学式で書きなさい。

〈山形県・改〉

2

塩酸に水酸化ナトリウム水溶液を加えたときの水溶液の性質の変化について調べるために，実験１，２を行った。

【実験１】濃度の異なる塩酸A液，B液に，それぞれうすい水酸化ナトリウム水溶液を中性になるまで加えた。右の図は，中性になったときの，塩酸A液，B液の体積と，うすい水酸化ナトリウム水溶液の体積との関係を表したものである。

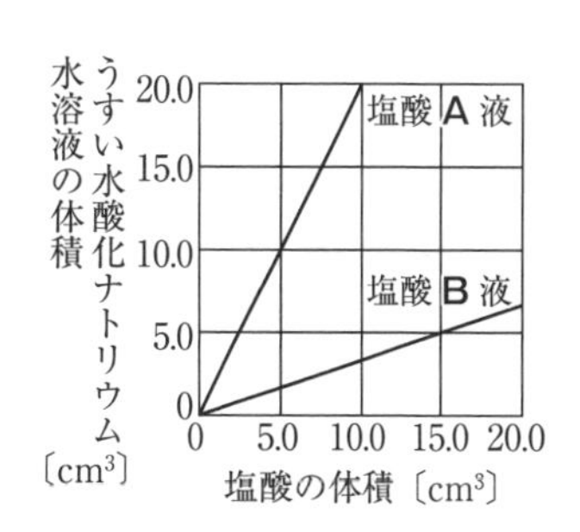

【実験２】塩酸B液25.0cm³をメスシリンダーではかりとって，ビーカーに入れた。このビーカーにBTB溶液を１滴加え，さらに水酸化ナトリウム水溶液を少しずつ10.0cm³まで加えながら，水溶液の色の変化を観察した。

54%

(1) 実験１について，塩酸A液15.0cm³を中性にするために，この水酸化ナトリウム水溶液は何cm³必要か。

絶対落とすな!! 86%

(2) 実験２について，次の①，②の問いに答えなさい。

①塩酸B液25.0cm³をメスシリンダーではかりとったとき，目の位置を液面と同じ高さにしてみると，液面はどのように見えるか。ア～エから１つ選び，記号で答えなさい。

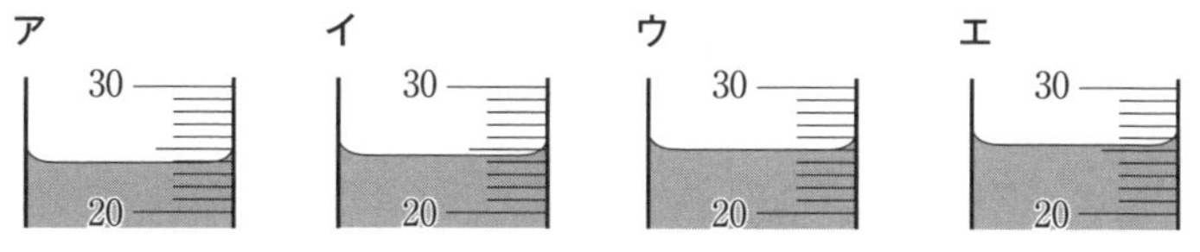

69%

②塩酸B液を入れたビーカーに，水酸化ナトリウム水溶液を少しずつ加えたとき，観察された水溶液の色の変化として，適切なものをア～エから１つ選び，記号で答えなさい。

ア　黄色から緑色になり，さらに青色に変化した。
イ　黄色から青色になり，さらに緑色に変化した。
ウ　青色から緑色になり，さらに黄色に変化した。
エ　緑色から青色になり，さらに黄色に変化した。

〈新潟県〉

エネルギー資源

例 題

正答率

絶対落とすな!!

89%

発電に関する説明として適するものを，**ア**～**エ**の中から1つ選びなさい。

ア　太陽の光エネルギーを電気エネルギーに変える太陽光発電は，発電量が天候や昼夜にかかわらず，常に一定である。

イ　石油や石炭や天然ガスを燃やして得られるエネルギーで発電する火力発電は，石油や石炭や天然ガスの量に限りがなく，永久に発電し続けることができる。

ウ　ダムにためた川の水を落下させて得られるエネルギーで発電する水力発電は，地形や降水量にかかわらず，どこにでもダムをつくって発電することができる。

エ　ウランなどの原子の分裂により得られるエネルギーで発電する原子力発電は，人体に有害な放射線や放射線を出す物質が外部にもれないよう，安全に管理する必要がある。

〈神奈川県〉

選択肢の内容を1つずつ丁寧に見ていこう。

ア：太陽光発電では光エネルギーを電気エネルギーに変換するため，日光が弱いくもりや雨の日にはあまり発電が行われず，日光が当たらない夜間には発電できないので，誤り。

イ：石油や石炭，天然ガスなどの化石燃料の埋蔵量には限りがあるので，誤り。

ウ：ダムをつくるには，標高の高い場所でなければならず，また広い土地が必要となる。また，降水量が少なければダムの貯水量も少なくなり，発電量が減るので，誤り。

よって，**エ**が正しい。

解答　**エ**

入試必出！ 要点まとめ

■ おもな発電方法

発電方法	変換前のエネルギー	長所	短所
火力発電	化石燃料がもつ 化学エネルギー	発電量が多い。	化石燃料の埋蔵量に限りがある。 二酸化炭素などが発生する。
水力発電	ダムの水がもつ 位置エネルギー	有害物質が出ない。	環境破壊のおそれがある。 地形や降水量に影響される。
原子力発電	ウランなどの 核エネルギー	発電量が多い。	資源に限りがある。 放射線による人体への影響が課題。

■ 化石燃料

- 石油，石炭，天然ガスなど，太古の生物の遺がいが長い年月を経て変化したもの。
- 埋蔵量に限りがある。

■ 再生可能なエネルギー資源

- 太陽光，風力，波力，地熱，バイオマスなど。
- 資源に限りがない。

実力チェック問題

解答・解説 別冊 P. 8

78%

次の文は，従来の火力発電について，特徴をまとめたものである。

a石油，石炭，天然ガスなどの化学エネルギーを使って発電する。日本の総発電量に占める割合は，最も大きい。資源の枯渇や環境への影響が課題となっている。

地下資源である下線部aをまとめて何というか，書きなさい。〈秋田県〉

70%

自然環境を守るために，二酸化炭素の発生をともなわない再生可能なエネルギー資源を開発することは重要である。このような再生可能なエネルギー資源には何があるか。その名称を1つ書きなさい。〈広島県〉

63%

再生可能なエネルギー資源や，エネルギー資源の新しい利用に関する説明として最も適するものを，次の**ア**～**エ**の中から1つ選び，記号で答えなさい。

ア　太陽光発電は，光電池(太陽電池)を使って太陽のもつ位置エネルギーを電気エネルギーに変換するもので，天候や昼夜によって発電量が左右される。

イ　風力発電は，風のもつ運動エネルギーを電気エネルギーに変換するもので，気象条件に左右されず，発電量は安定している。

ウ　燃料電池は，炭素と酸素が結びつくことで化学エネルギーを電気エネルギーに変換するもので，発電時にできる物質は水だけなので，クリーンな発電方法である。

エ　コージェネレーションシステムは，ビルなどに設置された発電機によって電気エネルギーを得るとき発生する熱を給湯や暖房に利用する設備のことで，燃料のもつエネルギーを有効に利用できる。

〈神奈川県〉

53%

エネルギーやエネルギー資源に関する説明として最も適するものを，次の**ア**～**エ**の中から1つ選び，記号で答えなさい。

ア　水力発電は水を加熱して発生した水蒸気の力で発電機のタービンを回し，発電している。

イ　石油(原油)から灯油や軽油を得るときは，沸点のちがいから混合物中の各物質を分離する蒸留という方法を利用している。

ウ　化学かいろ(携帯用かいろ)は，鉄と硫黄が反応して硫化鉄ができるときに発生する熱を利用している。

エ　燃料電池から電気エネルギーを得るときは，多くの二酸化炭素が発生するため，地球温暖化の原因として問題になっている。

〈神奈川県〉

花のつくりとはたらき

例題

正答率
(1) 61%
(2) 79%

裸子植物と被子植物について，次の問いに答えなさい。

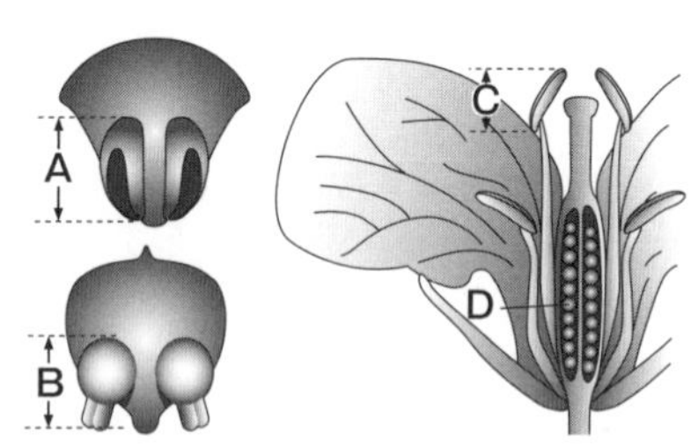

〔1〕右の図は，マツの雄花と雌花のりん片と，アブラナの花のつくりを模式的に表したものである。やがて種子になるのはどの部分か。A～Dの中からすべて選び，記号で答えなさい。

〔2〕次のア～エの中から，適切なものを1つ選び，記号で答えなさい。

ア　裸子植物も被子植物も，種子は果実の中にできる。

イ　裸子植物にも被子植物にも，花粉の入った袋と胚珠がある。

ウ　裸子植物は受粉すると種子ができ，被子植物は受粉しなくても種子ができる。

エ　裸子植物は胚珠が子房の中にあるが，被子植物は子房がない。

〈青森県〉

解き方・考え方

〔1〕　成長してやがて種子になるのは胚珠である。マツなどの裸子植物では，胚珠（B）は雌花のりん片にある。アブラナなどの被子植物では，胚珠（D）はめしべの根もとの子房の中にある。Aは花粉のう，Cはやくで，どちらにも花粉が入っている。

〔2〕　ア，エ：成長して果実になるのは子房である。被子植物の胚珠は子房の中にあるので果実ができるが，子房がなく胚珠がむき出しになっている裸子植物では果実はできない。ウ：裸子植物も被子植物も，受粉することで種子ができる。

解答　〔1〕B，D（順不同）　〔2〕イ

入試必出！ 要点まとめ

■花のつくり

● 被子植物

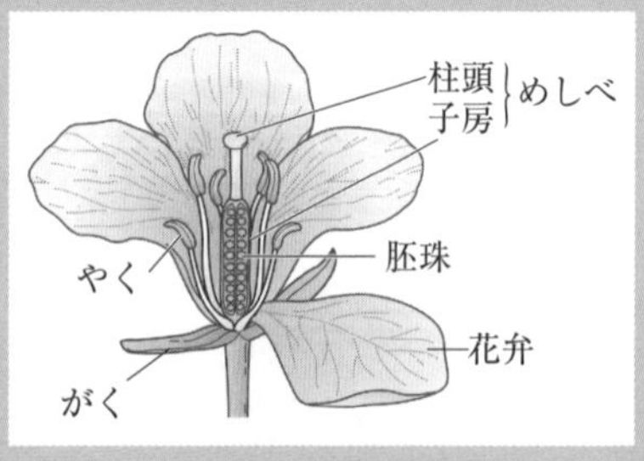

受粉すると，胚珠　→　種子になる。
子房　→　果実になる。

● 裸子植物

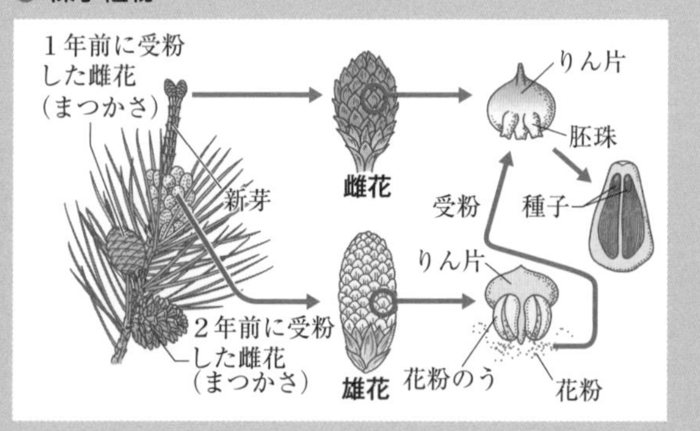

実力チェック問題

解答・解説 別冊 P. 8

1

絶対落とすな!! 特徴 85%

種子植物は，被子植物と裸子植物に分けられる。裸子植物の名称を１つ書きなさい。
また，裸子植物の花のつくりは，被子植物の花のつくりと比べて，どのような特徴があるか。「胚珠」という語句を用いて簡潔に書きなさい。

〈福岡県〉

2

夏希さんは，**図１**のような，カラスノエンドウの花のつくりを観察し，授業で学んだツツジの花と比較した。さらに，花のはたらきについて調べた。

図１
カラスノエンドウの花

【観察】１．顕微鏡を使って，倍率を変えながら，花粉を観察した。
２．花の各部分を外側から順にていねいにはずし，セロハンテープで台紙にはりつけ（**図２**），ツツジの花のつくりと比較した。
３．子房をかみそりの刃で切り，果実まで成長したものと，中のようすを比較した。（**図３**）

図２

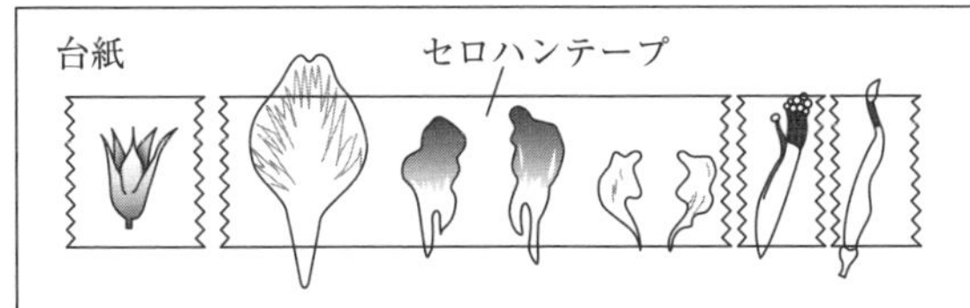

図３

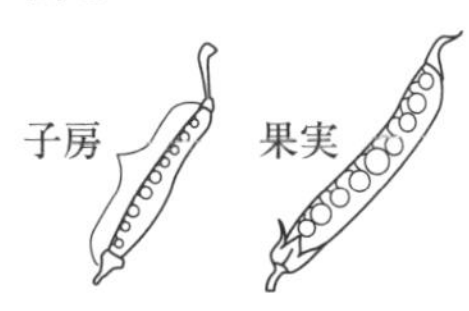

76%

(1) 花粉がつくめしべの先を何というか。

絶対落とすな!! ア 80%　絶対落とすな!! イ 89%　ウ 72%

(2) 夏希さんは，観察でわかったことや，調べたことを次のようにまとめた。［ア］～［ウ］に適切な言葉を入れなさい。

【まとめ】
○花のつくりでわかったこと
カラスノエンドウの花は，花弁やおしべのようすが，ツツジとちがっていた。しかし，花の中心から外側に向かって，めしべ，［ア］の順についているという共通点があった。また，観察３から，子房の中には小さな粒状の［イ］があり，ツツジと同じように，［イ］は種子になることがわかった。
○花のはたらきについて調べたこと
受粉すると，花のつくりのうち，やがてめしべだけが残り，種子ができる。地面に落ちた種子はその後，発芽して成長する。このように花は植物にとって，［ウ］ための種子をつくるはたらきをしている。

〈宮崎県〉

植物のなかま

例題

正答率 61%

右の図は，種子をつくる植物をその特徴をもとに分類したものであり，aとbには植物のなかまの名称が入る。 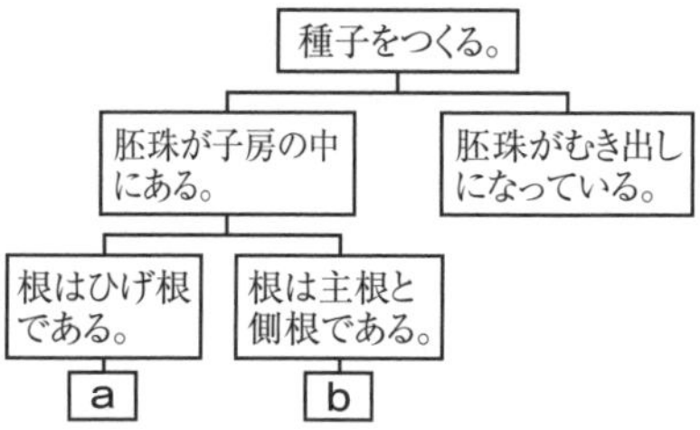
aの植物のなかまの名称と，bの植物のなかまの葉脈と維管束の特徴について述べたものを組み合わせたものとして適切なのは，次の表の**ア**～**エ**のうちではどれですか。

種子をつくる。
- 胚珠が子房の中にある。
  - 根はひげ根である。→ a
  - 根は主根と側根である。→ b
- 胚珠がむき出しになっている。

	aの植物のなかま	bの植物のなかまの葉脈と維管束の特徴
ア	単子葉類	葉脈は平行であり，維管束は全体に散らばっている。
イ	単子葉類	葉脈は網目状であり，維管束は輪のように並んでいる。
ウ	双子葉類	葉脈は平行であり，維管束は全体に散らばっている。
エ	双子葉類	葉脈は網目状であり，維管束は輪のように並んでいる。

〈東京都〉

解き方・考え方

胚珠が子房の中にある**a**と**b**はともに被子植物である。被子植物は，子葉の数や葉脈のようす，茎の維管束のようす，根のようすなどの特徴によってさらに双子葉類と単子葉類に分類される。**a**はひげ根であることから単子葉類，**b**は主根と側根であることから双子葉類とわかる。双子葉類の葉脈は網目状（網状脈）で，維管束は輪のように並んでいるので，**イ**が正しい。

イ

入試必出！ 要点まとめ

■ 被子植物と裸子植物

- 被子植物の花は，胚珠が子房の中にある。
- 裸子植物の花は，子房がなく胚珠がむき出しになっている。
- 被子植物はさらに，双子葉類と単子葉類に分類される。

■ 双子葉類と単子葉類

	子葉の数	葉脈のようす	茎の維管束のようす	根のようす
双子葉類	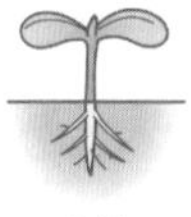 2枚	網状脈 	輪のように並んでいる。 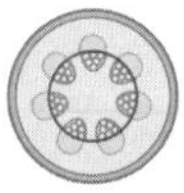	主根と側根 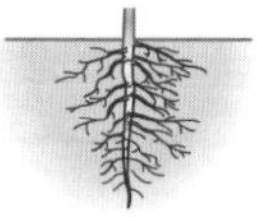
単子葉類	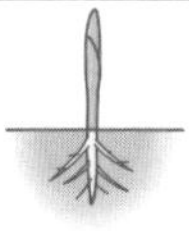 1枚	平行脈 	散らばっている。 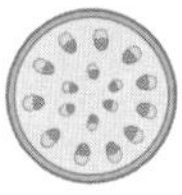	ひげ根 

実力チェック問題

解答・解説 別冊 P. 8

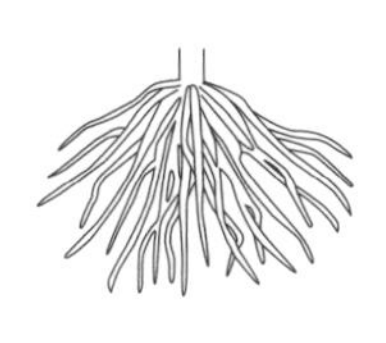

【観察1】ホウセンカとトウモロコシの根のようすを観察したところ，図のようにつくりにちがいが見られた。ホウセンカでは，①太い根から細い根が枝分かれしており，トウモロコシでは太い根はなく，②多数の細い根が広がっていた。

【観察2】ホウセンカとトウモロコシの根を切りとり，赤インクをとかした水の入った三角フラスコにそれぞれの茎をさし，明るいところに置いた。3時間後，どちらの植物の葉にも赤く染まった部分が見られた。次に，それぞれの茎をうすく輪切りにして横断面を双眼実体顕微鏡で観察したところ，どちらの茎の横断面にも赤く染まった部分が見られた。

れぞれ何というか。

断面はどのように見えるか。**ア**～**エ**から1つ選び，記号

黒くぬったところは，赤く染まった部分を示している。

ウ 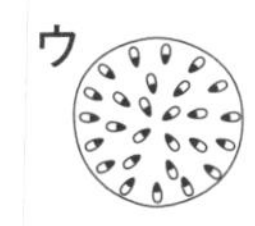 エ 

言葉や数字を書きなさい。

），葉脈の通り方，子葉の数により，2種類になかま分け

センカは，葉脈が網目状に通り，子葉の数が[1]枚の

ウモロコシは葉脈が平行に通り，子葉の数が[3]枚の

〈岐阜県〉

スギナ，イチョウ，

つくる」，「葉，茎，

る」，「子房がある」

ものには○，あては

類したものである。

の特徴は，図の①～

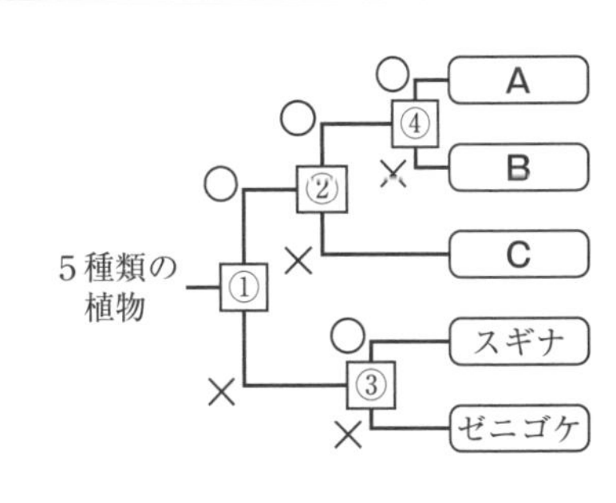

72%

③，④の特徴と　　なものを，次の**ア**～**エ**からそれぞれ1つ選んで，その記号を書きなさい。

ア　種子をつくる　　**イ**　葉，茎，根の区別がある

ウ　子葉が2枚ある　　**エ**　子房がある

63%

(2) 図の**A**～**C**の植物として適切なものを，次の**ア**～**ウ**からそれぞれ1つ選んで，その記号を書きなさい。

ア　タンポポ　　**イ**　イチョウ　　**ウ**　イネ

〈兵庫県〉

動物のなかま

例題

脊椎動物を，卵や子のうまれ方，呼吸のしかた，からだのつくりなどの特徴によって，次のA～Eに分けた。

A 両生類	B 哺乳類	C 魚類	D 鳥類	E は虫類

正答率

絶対落とすな!! (1)② 88%

絶対落とすな!! (2) 84%

(1) A～Eを次の①，②のようにグループ分けした。それぞれどのように分けたのか。ア～エの中から1つずつ選び，記号で答えなさい。

①〔A，C，D，E〕と〔B〕　②〔A，C，E〕と〔B，D〕

ア　子孫が卵でうまれるものと，親と同じような形ができてからうまれるもの。

イ　子孫が水中でうまれるものと，陸上でうまれるもの。

ウ　親が水中で生活しているものと，陸上で生活しているもの。

エ　羽毛や体毛がなく外界の温度によって体温が変化するものと，羽毛や体毛があり外界の温度が変化しても体温が一定に保たれるもの。

(2) Aの両生類だけにみられる呼吸のしかたの特徴を書きなさい。

〈青森県・改〉

解き方・考え方

(1)　①：A，C，D，Eに共通している特徴は，子孫が卵でうまれる卵生である。Bは，親と同じような形ができてからうまれる胎生である。②：A，C，Eに共通している特徴は，体表が羽毛や体毛でおおわれておらず，体温が外界の温度によって変化することである。BとDは，体表が羽毛や体毛でおおわれ，外界の温度に関係なく体温を一定に保てる。

(2)　両生類は，子は水中で生活するためにえらと皮膚で呼吸をするが，親になると陸上で生活するために肺と皮膚で呼吸をするようになる。

解答　(1) ①　ア　②　エ

(2) (例) 子はえらと皮膚で呼吸し，親は肺と皮膚で呼吸する。

要点まとめ

■ 脊椎動物の分類

特徴	魚類	両生類	は虫類	鳥類	哺乳類
おもな生活場所	水中	子：水中 親：水中や陸上	陸上	陸上	陸上
うまれ方	卵生	卵生	卵生	卵生	胎生
呼吸のしかた	えら	子：えらと皮膚 親：肺と皮膚	肺	肺	肺
体表	うろこ	湿った皮膚	うろこや こうら	羽毛	体毛
動物の例	コイ，サメ	イモリ，カエル	ヤモリ，ヘビ	スズメ，ハト	ウサギ，イルカ

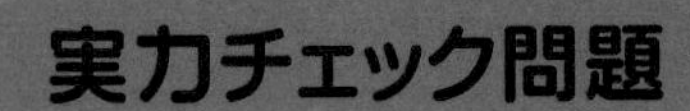

実力チェック問題

解答・解説 別冊 P. 9

1

右の図のA～Eは，特徴のちがいをもとに5つのなかまに分けられる脊椎動物がかかれたカードである。大輔さんは，それぞれの特徴を調べて表にまとめた。

A	B	C	D	E
（フナ）	（ハト）	（カエル）	（カメ）	（コウモリ）

特徴＼カード		A（フナ）	B（ハト）	C（カエル）	D（カメ）	E（コウモリ）
体　表	羽毛や体毛がない。	○		○	ア	
	羽毛や体毛がある。		○		イ	○
呼吸のしかた	えらで呼吸する時期がある。	○		○	ウ	
	肺で呼吸する時期がある。		○	○	エ	○
なかまのふやし方	卵生である。	○	○	○	○	
	［①］である。					○

※あてはまるものに○がつけてある。

絶対落とすな!! 93%
(1) 脊椎動物とはどのような動物か，簡潔に答えなさい。

71%
(2) 表で斜線が入っているア～エのカメの特徴のうち，○がつくものをすべて選び，記号で答えなさい。

絶対落とすな!! 92%
(3) 表の［①］に適切な言葉を入れなさい。

絶対落とすな!! 89%
(4) A～Eの動物のなかま分けとして，適切なものはどれか。次のア～エから1つ選び，記号で答えなさい。

	A（フナ）	B（ハト）	C（カエル）	D（カメ）	E（コウモリ）
ア	魚類	哺乳類	両生類	は虫類	鳥類
イ	魚類	鳥類	両生類	は虫類	哺乳類
ウ	魚類	哺乳類	は虫類	両生類	鳥類
エ	魚類	鳥類	は虫類	両生類	哺乳類

〈宮崎県・改〉

2

絶対落とすな!! 87%

次の文の［　　］にあてはまる言葉を書きなさい。

バッタやカブトムシなどの昆虫類やエビやカニなどの甲殻類は，からだが外骨格でおおわれ，からだとあしに節がある。このように，外骨格をもち，節がある無脊椎動物を［　　］動物という。

〈福島県〉

葉・茎・根のつくりとはたらき

例題

正答率 75%

図1，**図2**は，それぞれ双子葉類の茎と葉の断面の模式図である。赤く着色した水を入れた容器に，葉のついた茎をさしておくと，水の通る部分が赤く染まる。その部分は**ア**～**オ**のどれか，茎と葉から1つずつ選び，記号で答えなさい。

図1

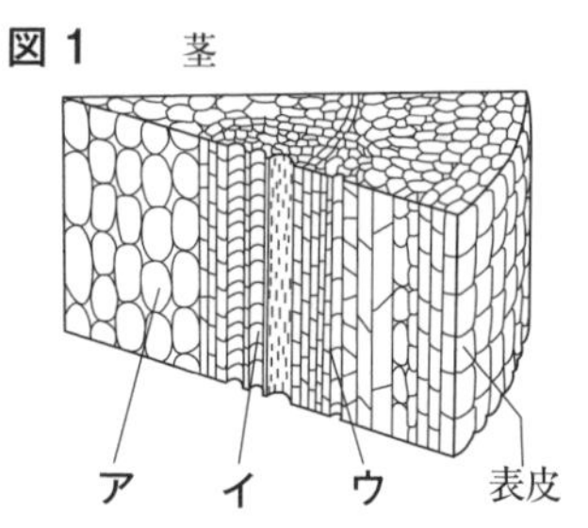

図2

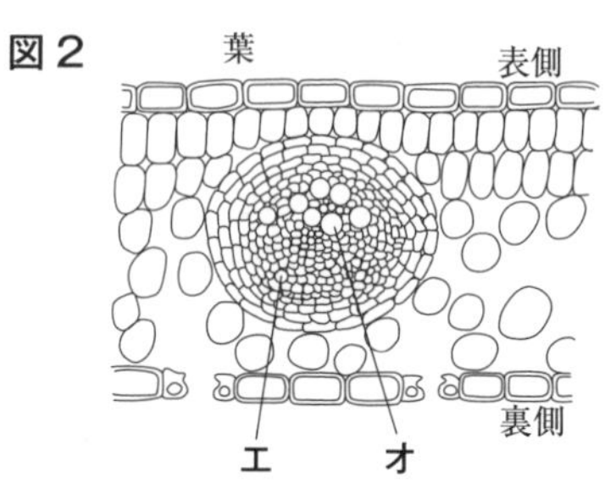

〈秋田県〉

解き方・考え方

根から吸収された水は，道管を通って根→茎→葉へと運ばれる。茎では，道管は維管束の内側を通っているので，**図1**の**イ**を選ぶ。また，葉では，道管は葉の表側を通っているので，**図2**の**オ**を選ぶ。

なお，**図1**の**ウ**，**図2**の**エ**はそれぞれ，葉でできた栄養分が通る師管である。混同しないようにしっかり覚えておこう。

解答 茎…イ　葉…オ

入試必出！ 要点まとめ

■ 葉のつくり

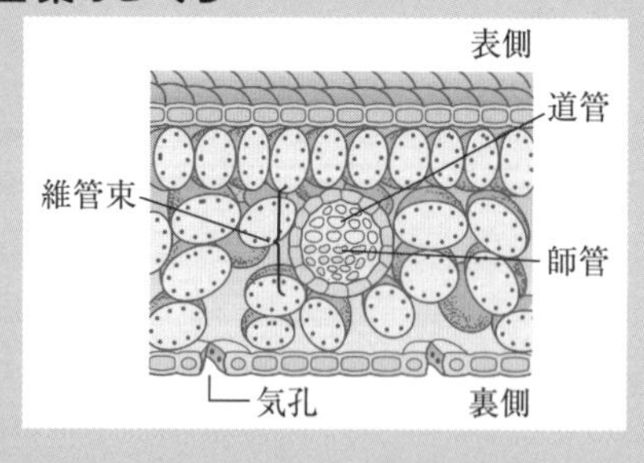

- **蒸散**…根から吸い上げられた水が，水蒸気となっておもに気孔から空気中に出ていく現象。

■ 茎・根のつくり

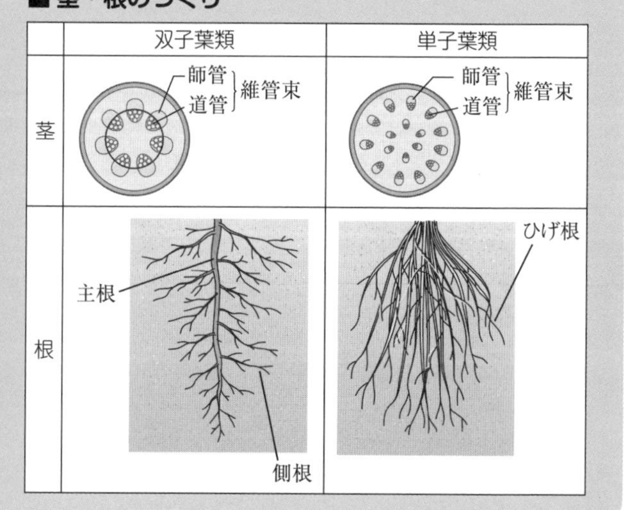

実力チェック問題

解答・解説 別冊 P. 9

1

ツユクサの葉を採取し，葉のようすを観察した。

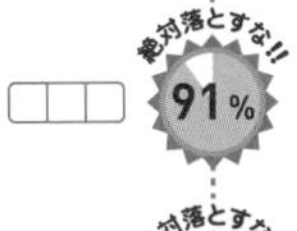

(1) 右の図は，ツユクサの葉の裏の表皮を顕微鏡で観察したときのスケッチである。図の**ア**～**エ**から，気孔を示す部分として，最も適切なものを1つ選び，記号で答えなさい。

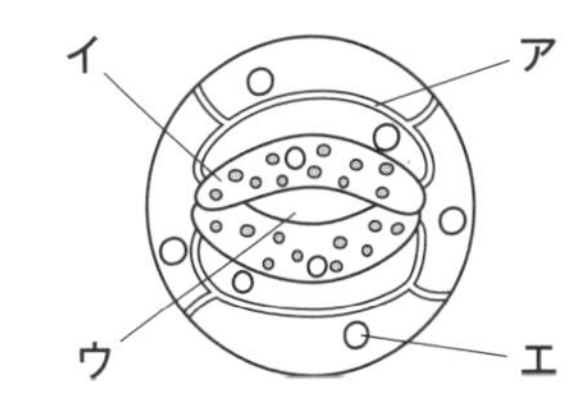

(2) 次の□の中の文が，気孔について適切に述べたものになるように，文中の（ **a** ），（ **b** ）のそれぞれに補う言葉の組み合わせとして，下の**ア**～**エ**から正しいものを1つ選び，記号で答えなさい。

> 光合成や呼吸にかかわる二酸化炭素や酸素は，おもに気孔を通して出入りする。また，根から吸い上げられた水は，（ **a** ）を通って，（ **b** ）の状態で，おもに気孔から出る。

ア **a** 道管 **b** 気体　**イ** **a** 道管 **b** 液体
ウ **a** 師管 **b** 気体　**エ** **a** 師管 **b** 液体

〈静岡県〉

2

【実験】葉の大きさや枚数がほぼ同じである4本のサクラの枝**A**～**D**を用意した。**A**は何も処理せず，**B**は葉の裏側にワセリンを塗った。**C**は葉の表側にワセリンを塗り，**D**は葉をすべてとった。**図1**のように，水を入れた水槽の中で，**A**の茎とシリコンチューブを空気が入らないようにつなぎ，全体を持ち上げてみて水が出ないことを確認した。**B**～**D**についても同じ処理を行った。次に，**図2**のように，バットを置き，20分ほどあとにシリコンチューブ内の水の量の変化を調べた。その結果，**B**と比べて**A**や**C**のほうが減った水の量が多かった。また，**D**は水の量がほとんど変わらなかった。

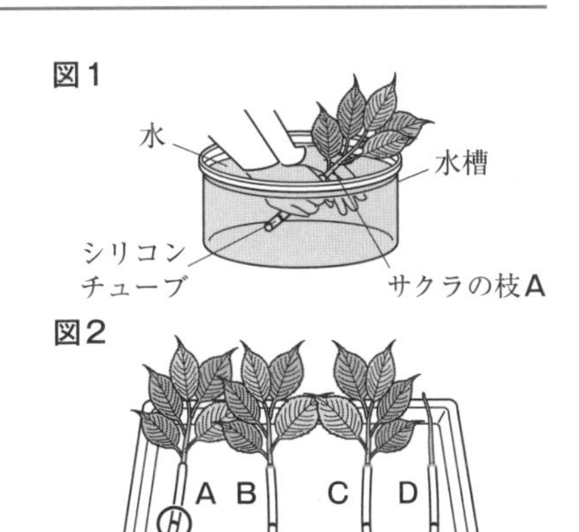

75%
(1) 実験で，葉にワセリンを塗る目的を，「気孔」という言葉を用いて簡潔に書きなさい。

絶対落とすな!! 82%
(2) 実験で，**A**と**D**の結果を比較すると，どのようなことがわかるか。次の**ア**～**エ**から最も適切なものを1つ選び，記号で書きなさい。

ア 葉が吸水に関係する。　**イ** おもに葉の表側が吸水に関係する。
ウ 葉は吸水に関係しない。　**エ** おもに葉の裏側が吸水に関係する。

〈岐阜県〉

光合成と呼吸

例題

正答率 絶対落とすな!! 93%

【実験】①鉢植えのアジサイを，光の当たらないところに一晩置いた。

②1枚の葉の表面と裏面の一部を，図のようにアルミニウムはくでおおい，鉢植えのアジサイを窓辺に置き，6時間光を当てた。

③アルミニウムはくでおおった葉をとり，アルミニウムはくをはずして熱湯に浸し，あたためたエタノールで脱色し，水洗いしてからうすいヨウ素液につけた。結果，Xの部分だけがヨウ素液と反応した。

アルミニウムはく / W / Z / Y / X / 白い部分 / 緑色の部分

次は，③の結果からわかることについてまとめたものである。空らんにあてはまるものを，W～Zから1つずつ選び，記号で答えなさい。

ヨウ素液による葉の反応について，葉の［ a ］と［ b ］の部分を比べることで，光合成が行われるためには光が必要であることがわかる。また，［ a ］と［ c ］の部分を比べることで，光合成は葉の緑色の部分だけで行われるということがわかる。

〈山形県〉

解き方・考え方

白い部分には葉緑体がなく，アルミニウムはくでおおった部分には光が当たっていないことに注意し，まずは，X，Y，Z，Wにおける条件を図から読みとり，簡単に書き出してみる。

X：光○，葉緑体○　　Y：光○，葉緑体×

Z：光×，葉緑体×　　W：光×，葉緑体○

光合成に必要な条件を調べるには，それ以外の条件は同じで，調べたい条件の有無だけが異なる部分を比較すればよい。よって，光が必要であることを調べるにはXとW，光合成が葉緑体で行われることを調べるにはXとYを比べればよい。

解答　a…X　　b…W　　c…Y

入試必出！ 要点まとめ

■ 光合成のしくみ

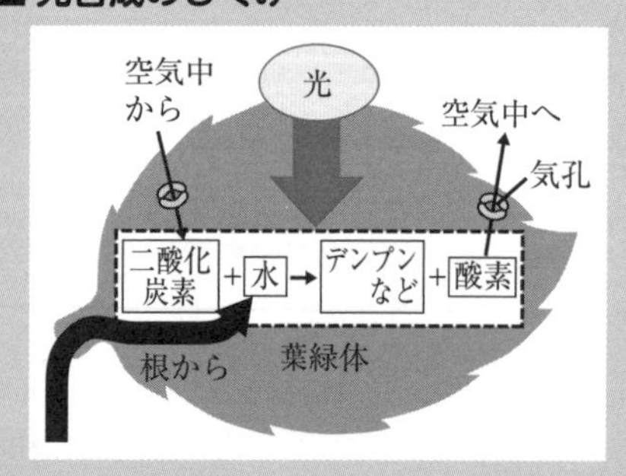

■ 呼吸のしくみ

デンプンなどの栄養分＋酸素

⟶　二酸化炭素＋水＋エネルギー

■ 光合成と呼吸による気体の出入り

● 昼

光合成と呼吸の両方を行う。

光合成のほうがさかんに行われる。

● 夜

呼吸のみを行う。

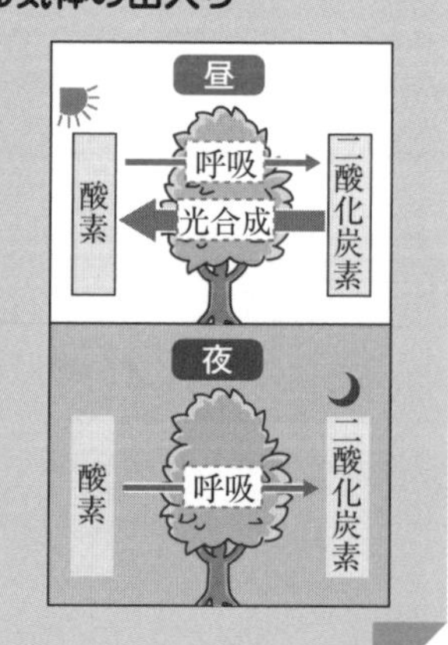

1

図1のように，ポリエチレンの袋にツユクサの若い葉を入れ，空気を満たして密閉した。この袋を暗室に数時間置くと，袋の中の<u>二酸化炭素の割合は増加し，気体Aの割合は減少した</u>。**図2**は，植物の葉が行う2つのはたらきによる，二酸化炭素と気体Aの出入りのようすを模式的に表したものである。下線部の結果は，**図2**に表されている2つのはたらきのうち，**X**によるものである。

絶対落とすな!! 97%
(1) 下線部の気体**A**は何か。その気体の名称を書きなさい。

絶対落とすな!! 90%
(2) 植物の葉が行うはたらき**X**の名称を書きなさい。

〈愛媛県〉

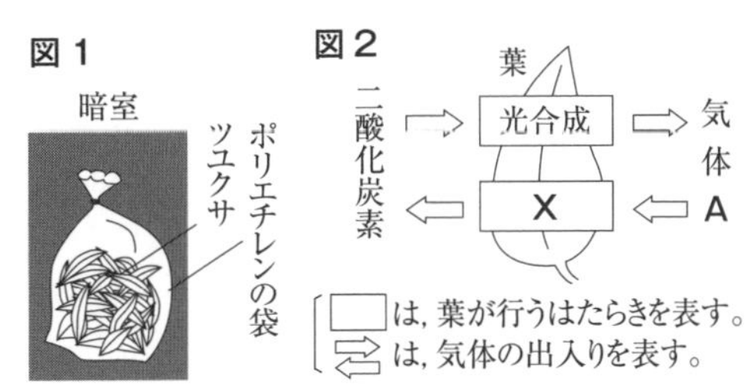

2

Ⅰ 無色，透明なポリエチレンの袋を4つ用意し，右の図のように，袋**A**と袋**B**には，アサガオのつるがついたふ入りの葉を，袋**C**と袋**D**にはモヤシを入れ，それぞれ十分な量の空気を入れて密封した。なお，アサガオの葉は，前日から日光の当たらない暗い場所に置いたものであり，袋**A**と袋**B**，袋**C**と袋**D**に入れる植物や空気の量などの条件は同じになるようにした。

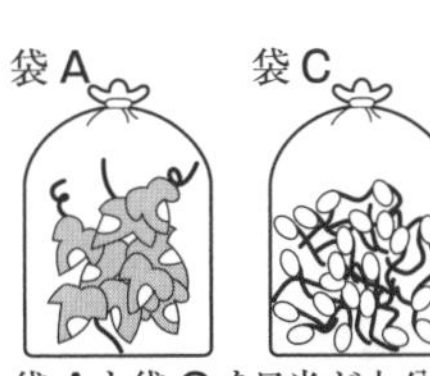

袋Aと袋Cを日光が十分に当たる場所に3時間放置した。

Ⅱ 袋**A**と袋**C**を日光が十分に当たる場所に，袋**B**と袋**D**を日光が当たらない暗い場所に3時間放置した。

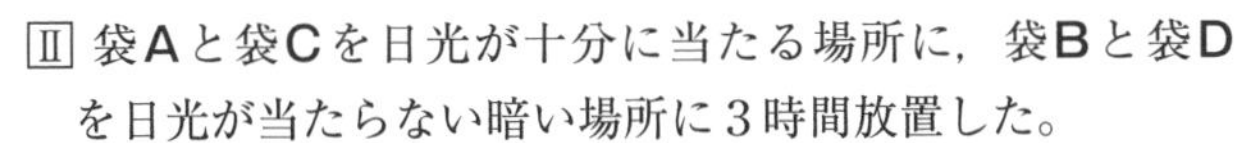

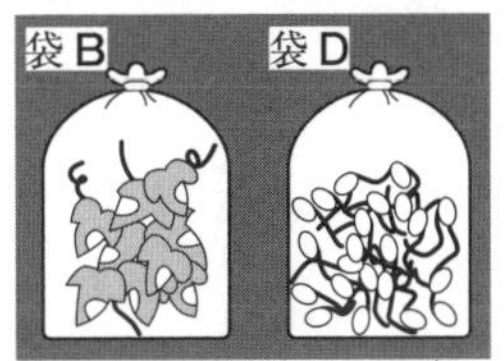

袋Bと袋Dを日光が当たらない暗い場所に3時間放置した。

Ⅲ ストローを使って，袋**A**と袋**C**の気体を，それぞれ石灰水に通したところ，袋**A**の気体では石灰水に変化が見られなかったが，袋**C**の気体では石灰水が白くにごった。

Ⅳ 袋**B**と袋**D**の気体も，それぞれ石灰水に通して石灰水の変化を観察した。

Ⅴ 袋**A**と袋**B**の葉を1枚ずつとり出して，それぞれ熱湯に入れたあと，あたためたエタノールに入れて脱色した。その後，水洗いしてから，ヨウ素液に浸したところ，①<u>袋**A**の葉では，白い部分には変化が見られなかったが</u>，緑色の部分は青紫色に染まった。一方，②<u>袋**B**の葉では，緑色の部分にもまったく変化が見られなかった</u>。

62%
(1) Ⅳについて，袋**B**と袋**D**の気体を，それぞれ石灰水に通したときに観察された石灰水の変化として，最も適当なものを**ア**～**エ**から1つ選び，記号で答えなさい。

ア 袋**B**の気体を通した石灰水と袋**D**の気体を通した石灰水は，どちらも白くにごった。
イ 袋**B**の気体を通した石灰水と袋**D**の気体を通した石灰水は，どちらも白くにごらなかった。
ウ 袋**B**の気体を通した石灰水だけが白くにごった。
エ 袋**D**の気体を通した石灰水だけが白くにごった。

① 55%　絶対落とすな!! ② 81%
(2) Ⅴについて，下線部①，②で，袋**A**の葉の白い部分と，袋**B**の葉の緑色の部分に変化が見られなかったのは，どちらも光合成が行われなかったからである。なぜ光合成が行われなかったのか，それぞれ理由を書きなさい。

〈新潟県〉

生命を維持するはたらき

例題

正答率 70%

【実験】1．右の図のように，試験管**X**にはデンプンのり10cm³と水でうすめただ液1cm³を，試験管**Y**にはデンプンのり10cm³と水1cm³を入れた。

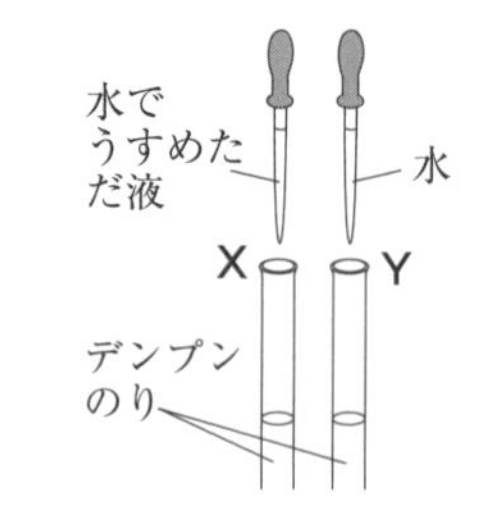

2．試験管**X**，**Y**を35～40℃の湯に入れ約10分間あたためた。

3．試験管**X**の液を試験管**a**，**b**に，試験管**Y**の液を試験管**c**，**d**にそれぞれ半分ずつ移した。

4．試験管**a**，**c**にヨウ素液を数滴ずつ加えた。試験管**c**の液だけが青紫色に変化した。

5．試験管**b**，**d**にベネジクト液を1cm³ずつ加えた。そのあと，それぞれの試験管に沸騰石を入れて加熱したところ，試験管**b**の液だけが赤かっ色に変化した。

実験4，5の結果から，デンプンに対するだ液のはたらきを簡潔に書きなさい。

〈埼玉県〉

解き方・考え方

まずは，試験管**a**～**d**に何が入っているかを書き出し，頭を整理することから始めよう。

試験管**a**：デンプンのり＋だ液＋ヨウ素液
試験管**b**：デンプンのり＋だ液＋ベネジクト液
試験管**c**：デンプンのり＋水＋ヨウ素液
試験管**d**：デンプンのり＋水＋ベネジクト液

実験4から，試験管**a**ではデンプンがなくなったことがわかる。また，ベネジクト液はブドウ糖やブドウ糖が2つ結びついた麦芽糖などを検出する指示薬なので，実験5から，試験管**b**では麦芽糖などができたことがわかる。

解答 **（例）デンプンを麦芽糖などに変える。**

入試必出！ 要点まとめ

■ 消化と吸収

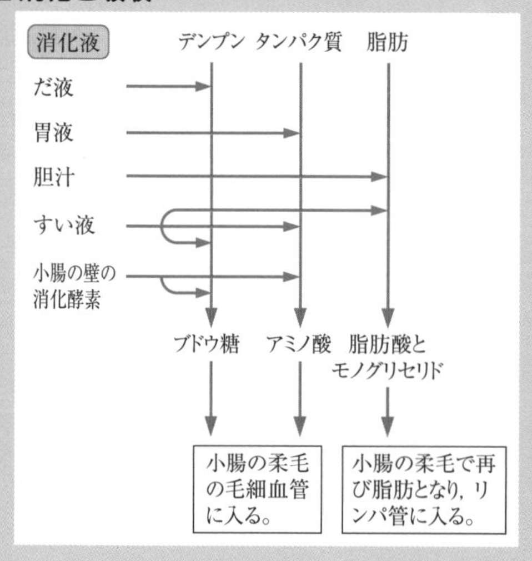

■ 血液循環

矢印（→）は血液の流れる向きを表している。

肺動脈　肺静脈　肺　大動脈　肺循環　大静脈　肝臓　小腸　腎臓　からだの各部　体循環

■ 排出

細胞の活動でできたアンモニア（有害）
↓
肝　臓…アンモニアを尿素（害が少ない）に変える。
↓
腎　臓…尿素をこしとる。
↓
ぼうこうにためられ，尿として排出される。

実力チェック問題

解答・解説 別冊 P. 10

1

図1はヒトの肺の内部に多数あるうすい袋状の部分を，図2はヒトのからだの血液の循環経路を模式的に示したものである。

図1

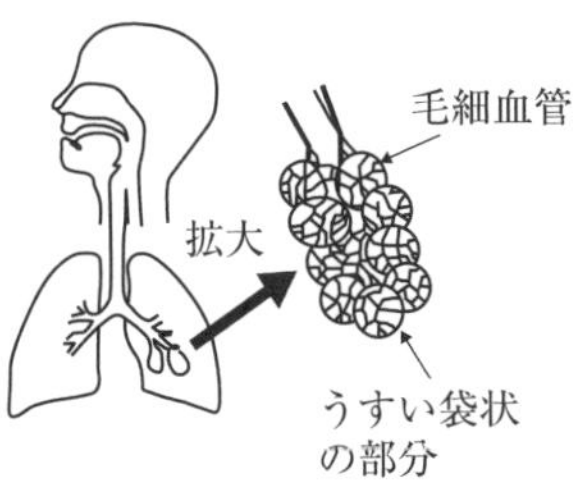

拡大　毛細血管　うすい袋状の部分

図2

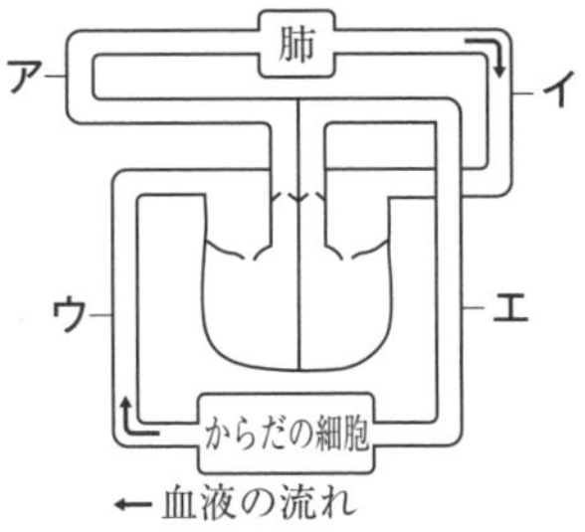

肺　ア　イ　ウ　エ　からだの細胞　←血液の流れ

絶対落とすな!! 85%

(1) 図1のうすい袋状の部分は何か。その名称を書きなさい。

68%

(2) 図2で，酸素を多く含んだ血液が流れている血管はどれか。適当なものを図2のア～エの中から2つ選び，記号で答えなさい。

〈佐賀県〉

2

腎臓には太い血管がつながっており，血液中のさまざまな物質をこし出して，そのあとで，再び必要なものを吸収するしくみがある。一方，からだに不要なものは尿中に排出される。表は，健康なヒトの血液と尿に含まれるさまざまな物質の割合〔%〕を示したものである。

64%

(1) 腎臓でこし出されたあとに，ほとんどすべての量が再び吸収されているものは何か。最も適当なものを表から1つ選び，その名称を書きなさい。

	血液に含まれる割合〔%〕	尿に含まれる割合〔%〕
ブドウ糖	0.10	0.00
カリウム	0.02	0.15
ナトリウム	0.30	0.35
尿素	0.03	2.00

61%

(2) 尿に含まれる尿素は，同じ量の血液に含まれる尿素の何倍か。小数第1位を四捨五入して整数で書きなさい。

74%

(3) からだの中で，タンパク質が分解されてできる有害なアンモニアは害の少ない尿素に変えられる。アンモニアを尿素に変えるはたらきをしているのは何という部分か。その名称を書きなさい。

〈佐賀県〉

3

57%

ヒトは，食物から栄養分をとり入れ，エネルギー源にしたり，からだをつくったりしている。次の文の①～③の｛　｝の中から，それぞれ適当なものを1つずつ選び，記号で答えなさい。

タンパク質は，胃液や①｛**ア** すい液　**イ** 胆汁｝などに含まれる消化酵素によってアミノ酸に消化され，小腸で吸収される。また，脂肪は，消化酵素によって脂肪酸と②｛**ア** ブドウ糖　**イ** モノグリセリド｝などに消化される。これらが小腸で吸収されて再び脂肪になると，小腸の③｛**ア** 毛細血管　**イ** リンパ管｝に入り，やがて首のつけ根付近で太い血管へ入っていく。

〈愛媛県〉

刺激と反応

例題

正答率 (1) 66% (2) 63%

(1) 図は，ヒトのからだが刺激を受けて反応するときの，信号が伝わる道すじを模式的に表したものである。うっかり熱いものに手をふれ，瞬間的に手が引っ込むとき，信号はどのように伝わるか。a～hの中の必要な記号を左から順に書きなさい。

(2) 次の**ア**～**エ**の中から，反射とは異なる反応を1つ選び，記号で答えなさい。

ア　目にゴミが入り，涙が流れた。
イ　部屋が暑く，額に汗をかいた。
ウ　背中にボールが当たり，振り返った。
エ　口に食べ物を入れたら，だ液が出た。

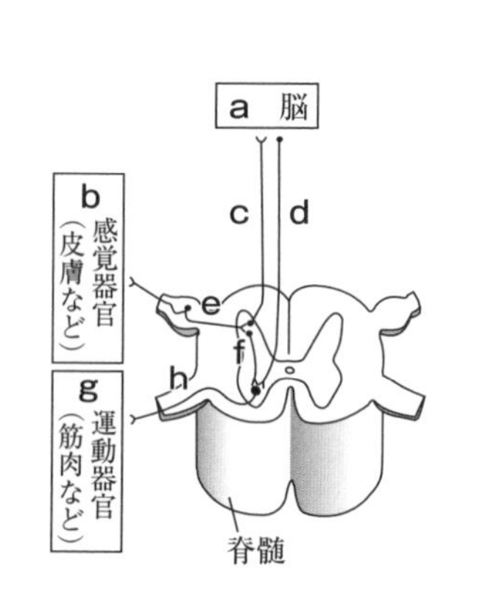

〈青森県〉

解き方・考え方

(1) うっかり熱いものに手をふれ，瞬間的に手を引っ込める反応は，反射によるもので，脊髄から直接命令の信号が出る。このとき感覚器官(**b**)で受けとった刺激の信号は感覚神経（**e**）を通って脊髄（**f**）に伝わり，直接脊髄（**f**）から命令の信号が出され，運動神経（**h**）を通って運動器官（**g**）へと伝わる。

(2) 「反射とは異なる反応」とは，脳が関係し，意識的に起こす反応のことである。よって，自分で判断して起こす反応を選べばよい。**ア**，**イ**，**エ**は無意識に起こる反射の例である。

解答 (1) b，e，f，h，g　(2) ウ

入試必出！ 要点まとめ

■ 反応の経路

● 意識して起こす反応の経路

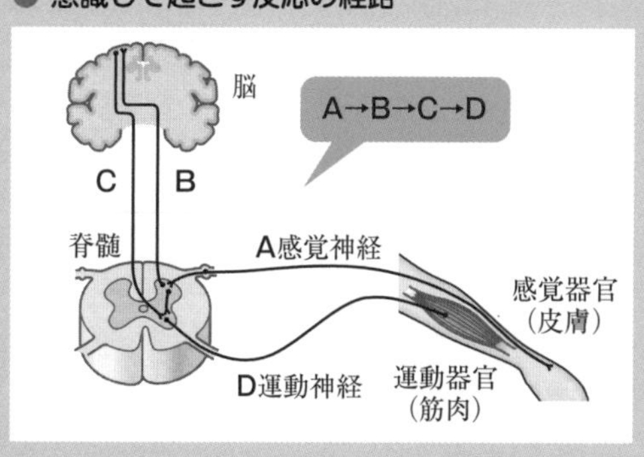

● 無意識に起こる反射の経路

熱いものに手がふれて手を引っ込める場合

A→E→D⇨反射
└→B→脳⇨感覚

脳
C　B
A 感覚神経
E
脊髄
感覚器官（皮膚）
D 運動神経
運動器官（筋肉）

実力チェック問題

解答・解説 別冊 P. 10

1

下の□内は，生徒がうっかり熱いものに手をふれたときの体験をもとに，調べた内容の一部である。図は，ヒトの皮膚・神経系・筋肉のつながりを模式的に示したものであり，図の中の実線（──）は，神経を示している。

> うっかり熱いものに手がふれたとき，熱いと意識する前に，思わず手を引っ込めてしまいます。この場合の手を引っ込める反応は，刺激に対して意識とは関係なく起こり，反射といいます。反射は，意識して起こす反応に比べて，刺激を受けとってから反応するまでにかかる時間が短くなります。

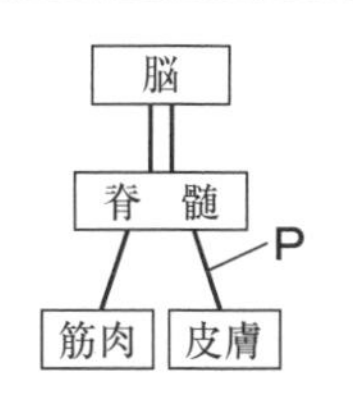

絶対落とすな!! 85%

(1) 図のPは，皮膚で受けとった刺激の信号を脊髄に伝える神経を示している。Pの神経を何というか。

65%

(2) 下線部（～～）の理由を，図を参考にして，「皮膚で受けとった刺激の信号が」という書き出しで簡潔に書きなさい。

絶対落とすな!! 82%

(3) 反射の例を，次のア～エから１つ選び，記号で答えなさい。

ア　投手が投げたボールをバットで打った。
イ　食物を口の中に入れると，だ液が出た。
ウ　部屋が暗くなったので，電灯をつけた。
エ　先生に名前を呼ばれて，返事をした。

〈福岡県〉

2

次の文は，調理実習での先生と生徒の会話の一部である。

> 先生：今日は肉じゃがを作ります。まず，手もとをよく見て材料を切りましょう，
> 生徒：はい。先生，切り終わりました。
> 先生：では，切った材料を鍋に入れていためます。その後，水と調味料を加えましょう。鍋からぐつぐつという音が聞こえてきたら，弱火にしてください。

68%

(1) 感覚器官で受けとられた外界からの刺激は，感覚神経に伝えられる。感覚神経や運動神経のように，中枢神経から枝分かれして全身に広がる神経を何というか。

55%

(2) 下線部について，右の図は，耳の構造の模式図である。音の刺激を電気的な信号として感覚神経に伝える部分はどこか。右の図の**ア**～**エ**から１つ選び，記号で答えなさい。

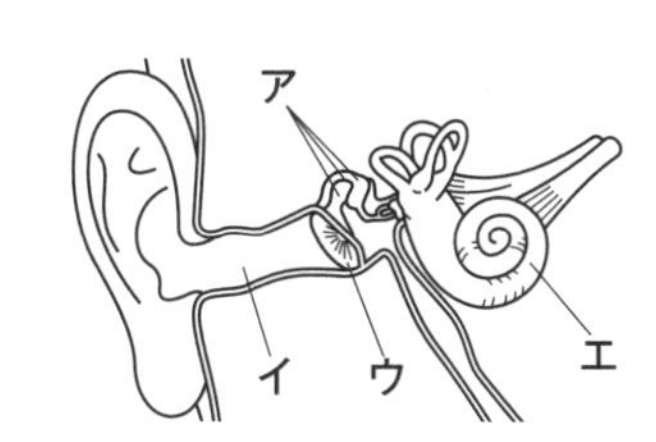

〈福島県〉

生物と細胞，細胞分裂と生物の成長

例題

正答率

79%

2cmほどのびたタマネギの根を，先端から4mm切りとり，約60℃にあたためたうすい塩酸に数分間入れた。全体がやわらかくなったところで，根の先端をスライドガラスにのせ，柄つき針で軽くつぶした。染色液を1滴加えて数分間おき，カバーガラスをかけてからろ紙をのせ，静かにおしつぶしてプレパラートを作成した。それを顕微鏡で観察すると，右の図のような細胞が見られた。

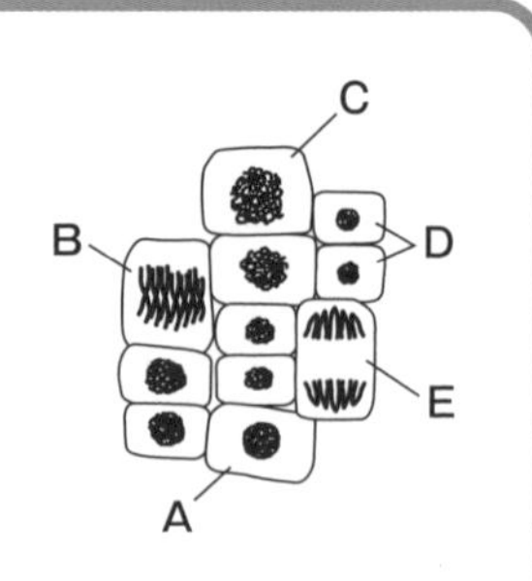

A～Eの細胞を，細胞分裂の過程の順番に並べたとき，Aを1番目とすると4番目になるものを，次のア～エの中から1つ選び，記号で答えなさい。

ア B　イ C　ウ D　エ E

〈神奈川県〉

解き方・考え方

細胞分裂の過程の順番を考えるときは，染色体のようすに注目するとよい。

染色体が現れる。(C)
→染色体が中央に並ぶ。(B)
→2等分された染色体が両極に移動する。(E)
→染色体が見えなくなり，核ができる。(D)
よって，Aを1番目としたときに4番目になるのはEである。

解答 エ

入試必出！ 要点まとめ

■細胞のつくり

● **植物の細胞と動物の細胞に共通しているつくり**
核，細胞膜

● **植物の細胞にだけ見られるつくり**
細胞壁，葉緑体，発達した液胞

<植物の細胞>　<動物の細胞>
発達した液胞
核
細胞膜
葉緑体　細胞壁

■細胞分裂

● 植物の細胞の場合
「現れ」→「中央」→「分かれ」→「仕切り」と覚えるとよい。

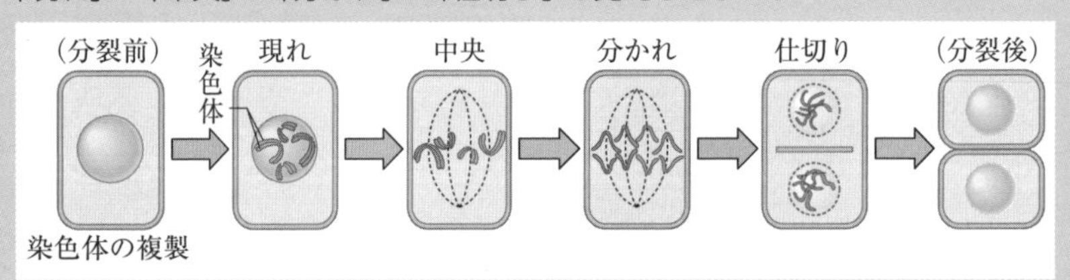

● 動物の細胞では，「仕切り」ではなく「くびれ」。

実力チェック問題

解答・解説 別冊 P. 10

1

細胞分裂のようすを調べるために，タマネギのある部分を切りとって，次の[I]〜[III]の手順でプレパラートをつくり，顕微鏡で観察した。

[I] タマネギの切りとった部分を，60℃のうすい塩酸に入れて1分間あたためた。

[II] その後，よく水洗いして，スライドガラスにのせ，柄つき針で細かくほぐし，染色液(酢酸カーミン液）を数滴加えた。

[III] 数分後に，カバーガラスをかけて，ろ紙をのせ，指で静かにおしつぶした。

(1) タマネギの断面を示した右の図の**ア**〜**エ**のうち，細胞分裂を観察するのに最も適当な部分を1つ選び，記号で答えなさい。

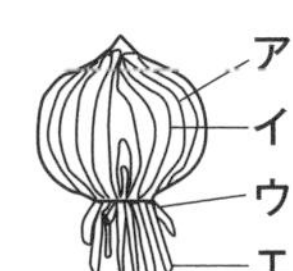

絶対落とすな!! 90%

(2) [I]の下線部分について，うすい塩酸に入れて1分間あたためたのはなぜか。その理由として，最も適当なものを次の**ア**〜**エ**から1つ選び，記号で答えなさい。

ア 細胞内の水分をとり除くため。

イ 細胞どうしをはなれやすくするため。

ウ 細胞を透明にするため。

エ 細胞壁をかたくして，細胞をつぶれにくくするため。

絶対落とすな!! 92%

(3) 右の図は，細胞分裂のいろいろな段階の細胞をスケッチしたもので，**A**は分裂が始まる前の細胞，**F**は分裂が終わったあとの細胞である。図の点線で囲んだ**B**〜**E**の細胞を分裂の進む順に並べかえ，記号で答えなさい。

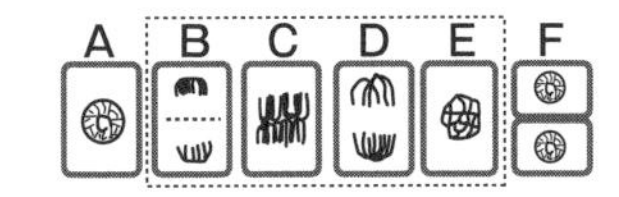

〈新潟県〉

2

【観察】ケヤキの葉を1枚用意した。

① 葉の表側にカッターナイフで切れ目を入れ，ピンセットでつまんで葉の表皮とその内側を一部はぎとった。

② ①ではぎとったものをスライドガラスにのせ，水を滴下してプレパラートをつくった。

③ ②でつくったプレパラートを顕微鏡で観察したところ，プレパラートの中に細胞**A**と細胞**B**が見られた。右の図は，このときのスケッチであり，細胞**B**の中には多数の緑色の粒が観察できた。

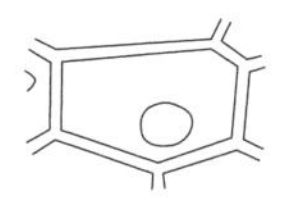

細胞**A**　細胞**B**

50%

(1) 観察の③では，表皮の細胞と表皮の内側にある細胞が観察された。上の図で，表皮の内側にある細胞は，細胞**A**，**B**のどちらか，記号で答えなさい。また，選んだ理由を述べなさい。

63%

(2) 観察の③では，細胞の中にある核がはっきりと見えなかった。核を観察しやすくするには，どのようにプレパラートを作成すればよいか，述べなさい。

〈宮城県〉

生物のふえ方，遺伝，進化

例題

正答率 (1) 62% (2) 78%

図1は，単細胞生物であるアメーバがふえるようすを表したものである。

図1

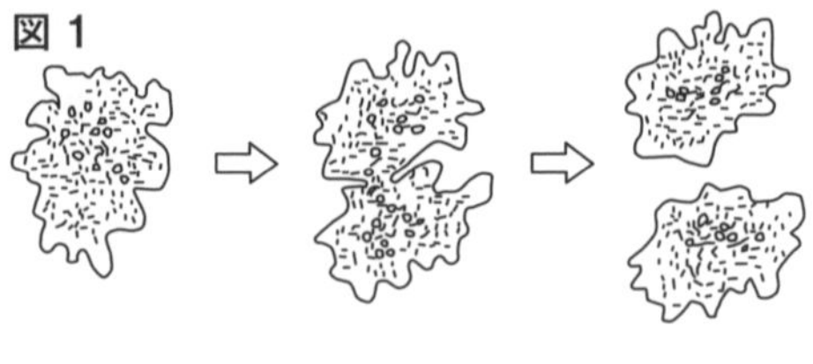

(1) アメーバが行う分裂のように，親のからだの一部から新しい個体ができる生殖方法を何というか。

(2) **図2**は，アメーバと同じふえ方をするある単細胞生物の，分裂する前の染色体を模式的に表したものである。この生物が分裂したあとの細胞1個あたりの染色体を正しく表しているのは次のどれか。記号で答えなさい。

図2

ア　**イ**

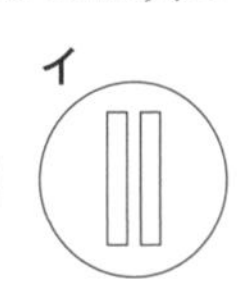

ウ

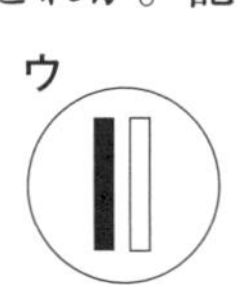

エ

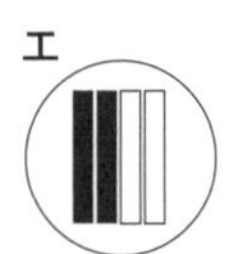

〈長崎県〉

解き方・考え方

(1)　分裂のように，雌雄がかかわらず，親のからだの一部から新しい個体ができる生殖方法を無性生殖という。

(2)　無性生殖では，子は親の染色体をそのまま受けつぐので，分裂する前と分裂したあとの染色体は同じである。よって，**ウ**が正しい。

解答　**(1) 無性生殖　(2) ウ**

入試必出！要点まとめ

■ 無性生殖
- 受精を行わずに子をつくる生殖。
- 分裂，出芽，栄養生殖など。

■ 有性生殖
- 生殖細胞が受精することで子をつくる生殖。
- ・植物の有性生殖

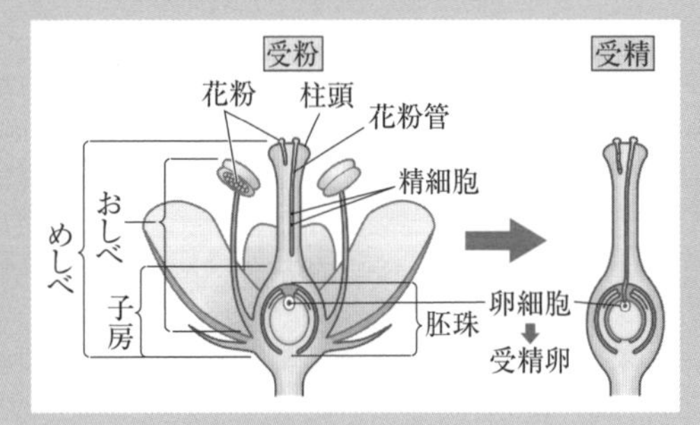

■ 減数分裂
- 生殖細胞ができるときに行われる，染色体の数がもとの細胞の半分になる特別な細胞分裂。

■ 分離の法則
- 減数分裂によって生殖細胞がつくられるとき，対になっている遺伝子が，別々の生殖細胞に分かれて入ること。

■ 進化
- 生物が長い年月をかけて代を重ねる間に形質が変化すること。
- 進化の証拠には相同器官や始祖鳥などがあげられる。

実力チェック問題

解答・解説 別冊 P. 10

1

あとの文は，メンデルの実験について述べたものである。ただし，エンドウの種子について，子葉の色を黄色にする遺伝子をY，緑色にする遺伝子をyとする。

> 19世紀にオーストリアのメンデルは，エンドウのさまざまな対立形質に注目してかけ合わせ実験を行い，形質がどのように遺伝していくかを調べた。
> 【実験】
> エンドウの子葉には，黄色と緑色がある。a子葉が黄色の純系の種子と子葉が緑色の純系の種子をまいて育て，子葉が黄色の種子をつくる純系のエンドウのめしべに，b子葉が緑色の種子をつくる純系のエンドウの花粉をかけ合わせて種子をつくった。
> 【結果】
> 子としてできた種子の子葉は，すべて黄色になった。

(1) 実験について，次の①，②の問いに答えなさい。

78%　①下線部**a**について，この種子がもつ遺伝子の組み合わせを表すとどのようになるか。下の**ア**～**オ**の中から1つ選びなさい。

51%　②下線部**b**について，この花粉からのびた花粉管の中にある精細胞がもつ遺伝子を表すとどのようになるか。次の**ア**～**オ**の中から1つ選びなさい。

ア Y　**イ** y　**ウ** YY　**エ** yy　**オ** Yy

77%　(2) 次の文は，結果をもとに，遺伝の規則性について説明したものである。□にあてはまる言葉は何か。書きなさい。

異なる対立形質をもつ純系の親どうしをかけ合わせたとき，子にはどちらか一方の親の形質だけが現れる。このとき，子に現れる形質を□の形質という。

〈福島県〉

2　絶対落とすな!! 92%

大輔（だいすけ）さんは，脊椎動物の前あしや翼の骨格について調べた。下の図のように，見かけの形やはたらきは異なっていても，基本的なつくりが同じで，起源は同じものであったと考えられる器官を何というか，答えなさい。

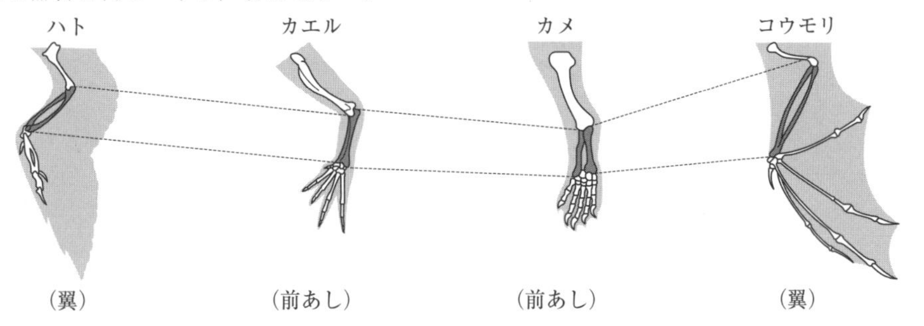

〈宮崎県〉

地学 

火山活動と火成岩

例題

正答率
(1) 56%
(2) 67%

(1) 次の文の①，②の｛　　｝の中から，それぞれ適当なものを１つずつ選び，**ア**，**イ**の記号で答えなさい。

右の図は，ねばりけの強さ（ねばりけの大きさ）が異なるマグマが噴出してできた火山**A**と火山**B**の形を示したものである。火山**A**と火山**B**とを比べると，マグマのねばりけが強かったのは，①｛**ア**　火山**A**　**イ**　火山**B**｝のほうである。また，火山をつくる岩石の色は，マグマのねばりけが強いほうが②｛**ア**　黒っぽい　**イ**　白っぽい｝。

火山A　雲仙岳（普賢岳，平成新山）など
火山B　伊豆大島（三原山）など

(2) 溶岩を観察すると，斑晶と石基が見えた。この溶岩は，どのようにしてできたか。石基がなく，大きな結晶だけでできている火成岩のでき方とのちがいに着目して，簡単に書きなさい。

〈愛媛県〉

解き方・考え方

(1) 火山の形や溶岩の色は，マグマのねばりけによって決まる。マグマのねばりけが強い(大きい)と，激しい噴火が起こり，ドーム状の火山になる（火山**A**)。溶岩の色は白っぽい。また，マグマのねばりけが弱い（小さい）と，おだやかな噴火が起こり，傾斜のゆるやかな火山になる（火山**B**)。溶岩の色は黒っぽい。

(2) 斑晶と石基からなるのは，斑状組織の火山岩である。火山岩は，マグマが地表または地表付近で急に冷えて固まってできる。

解答 **(1)** ①　**ア**　②　**イ**
(2) (例)マグマが急に冷えて固まってできた。

入試必出！ 要点まとめ

■火山とマグマのねばりけ

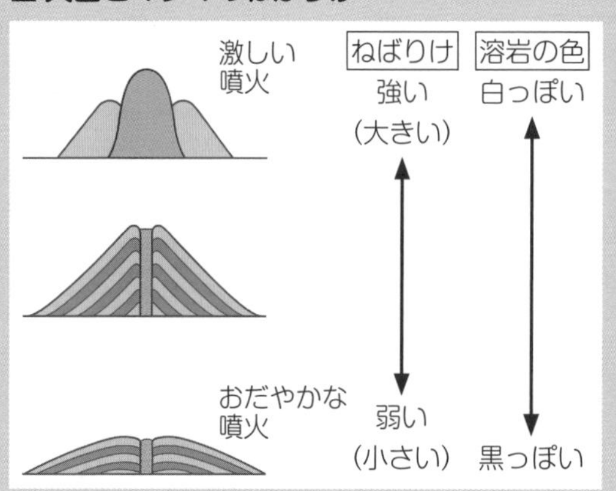

■火成岩のつくり

● **火山岩：斑状組織**
マグマが地表または地表付近で急に冷えて固まってできる。

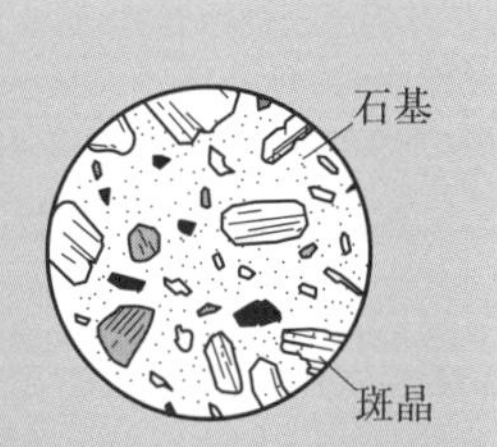

● **深成岩：等粒状組織**
マグマが地下深くでゆっくりと冷えて固まってできる。

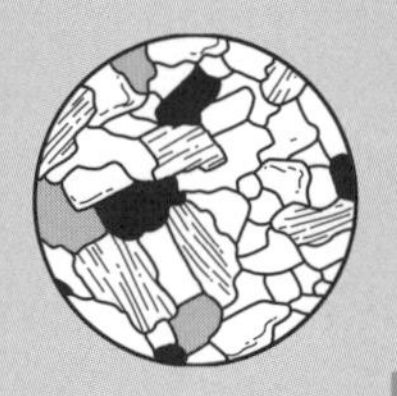

実力チェック問題

解答・解説 別冊 P. 11

1 79%

右の図のような，傾斜のゆるやかな形をしている火山について，正しいことを述べているのはどれか。**ア**～**エ**から1つ選び，記号で答えなさい。

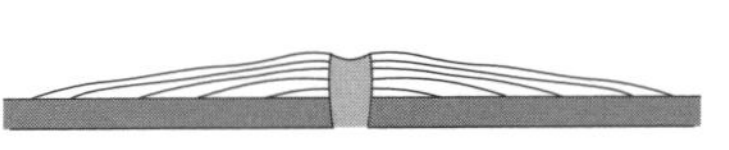

ア　マグマのねばりけが強く，激しい噴火をした。
イ　マグマのねばりけが強く，おだやかな噴火をした。
ウ　マグマのねばりけが弱く，激しい噴火をした。
エ　マグマのねばりけが弱く，おだやかな噴火をした。

〈栃木県〉

2

図1，**図2**は，火山岩と深成岩をそれぞれルーペで観察し，スケッチしたものである。

図1　火山岩　鉱物　石基
図2　深成岩

(1) **図1**のように，火山岩は，まばらに含まれる大きな鉱物と石基と呼ばれる小さな粒が集まった部分からできている。

① 54%　①まばらに含まれる大きな鉱物の部分を何というか。その用語を書きなさい。

② 66%　②このようなつくりをもつ火山岩は，どのようにしてできたものか。そのでき方を書きなさい。

73%　(2) **図2**のように，深成岩は，石基の部分がなく，鉱物の大きな結晶だけでできている。このような岩石のつくりを何というか。その用語を書きなさい。

78%　(3) 火山岩と深成岩の色は，岩石に含まれる無色鉱物の割合が多いほど白っぽくなる。無色鉱物として，最も適当なものを，次の**ア**～**エ**から1つ選び，記号で答えなさい。

ア　カクセン石　　**イ**　カンラン石　　**ウ**　キ石　　**エ**　セキエイ

〈新潟県〉

3

Kさんは鉱物を観察するために，山に登って火山灰を採取した。これについて次の問いに答えなさい。

54%　(1) 火山灰に含まれる鉱物を観察する手順として最も適当なものはどれか。**ア**～**エ**から1つ選び，記号で答えなさい。

ア　火山灰を少量とり，水でさっとすすいで観察する。
イ　火山灰を少量とり，軽くおし洗いをして観察する。
ウ　火山灰を少量とり，水を加え，ろ紙でろ過して観察する。
エ　火山灰を少量とり，ふるいで不要物をとり除いて観察する。

55%　(2) 採取した火山灰を顕微鏡で観察したところ，雲仙普賢岳の火山灰より黒っぽかった。これからわかることについて述べた次の文の［ a ］，［ b ］にあてはまる適当な言葉を書きなさい。

雲仙普賢岳に比べ，この火山灰を噴出した火山は，マグマのねばりけが［ a ］く，傾斜の［ b ］な形をしている。

〈鹿児島県〉

地震の伝わり方と地球内部のはたらき

例題

正答率 76%

東北地方で起きたある地震のゆれを観測点A～Dで観測し，このときの初期微動と主要動の開始時刻を下の表にまとめた。

観測点	初期微動の開始時刻	主要動の開始時刻
A	7時13分49秒	7時14分02秒
B	7時13分44秒	7時13分53秒
C	7時13分41秒	7時13分48秒
D	7時13分35秒	7時13分37秒

（気象庁 地震の資料 より作成）

この地震の震源から観測点までの距離と，観測された主要動の大きさについて，最も適切に述べているものを，**ア**～**エ**から１つ選び，記号で答えなさい。

ア　震源に最も近いのは観測点Aで，主要動が最も大きいのも観測点Aである。
イ　震源に最も近いのは観測点Aで，主要動が最も大きいのは観測点Dである。
ウ　震源に最も近いのは観測点Dで，主要動が最も大きいのは観測点Aである。
エ　震源に最も近いのは観測点Dで，主要動が最も大きいのも観測点Dである。

〈宮城県〉

地震が起こると，震源で同時に発生した速さの異なるP波とS波が伝わっていく。速さがはやいP波によって生じるゆれを初期微動，速さが遅いS波によって生じるゆれを主要動という。
初期微動，主要動の開始時刻は，震源からの距離が近いほどはやくなるので，震源に最も近いのは，初期微動，主要動の開始時刻がともに最もはやい観測点Dである。
また一般に，ゆれの大きさも，震源からの距離が近いほど大きいので，主要動が最も大きいのも観測点Dである。

解答　エ

入試必出！ 要点まとめ

■ 地震計の記録

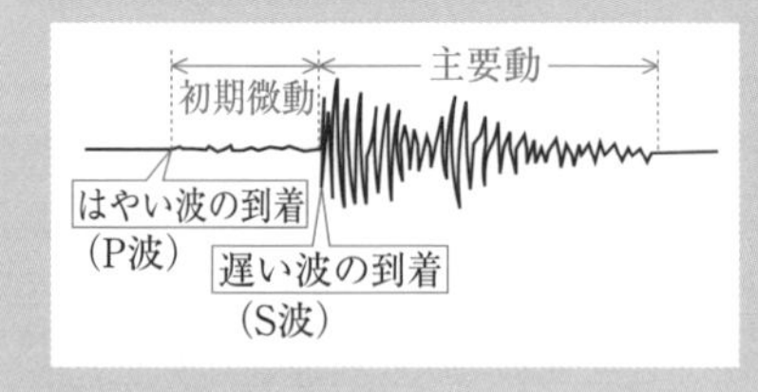

■ 震源と震央

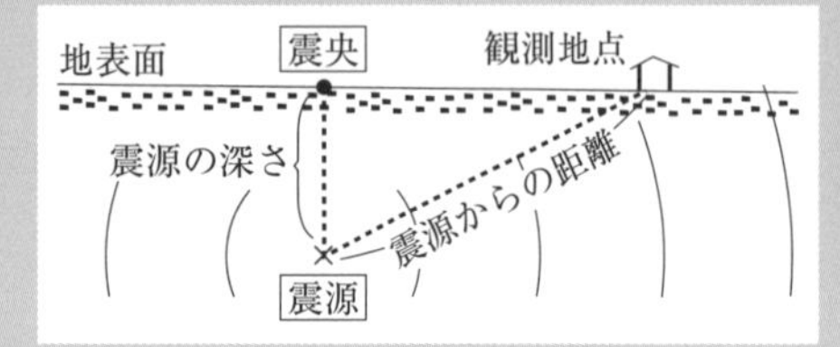

■ 地震のゆれの伝わり方

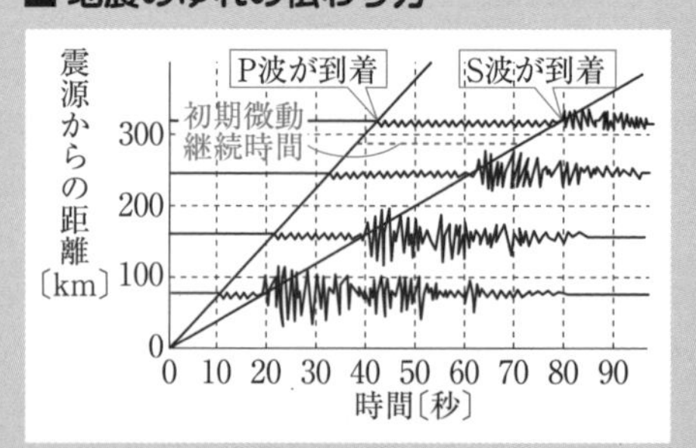

■ 震度とマグニチュード

- **震度**…地震のゆれの程度。
- **マグニチュード**…地震そのものの規模。

1

右の表は，地下の浅い場所で発生した地震について，地点A，B，CにP波とS波が到達した時刻をそれぞれまとめたものである。震源では，P波とS波が同時に発生しており，それぞれ一定の速さで岩石の中を伝わったものとする。

地点	震源からの距離	P波が到達した時刻	S波が到達した時刻
A	40km	15時12分24秒	15時12分29秒
B	80km	15時12分31秒	15時12分41秒
C	120km	15時12分38秒	15時12分53秒

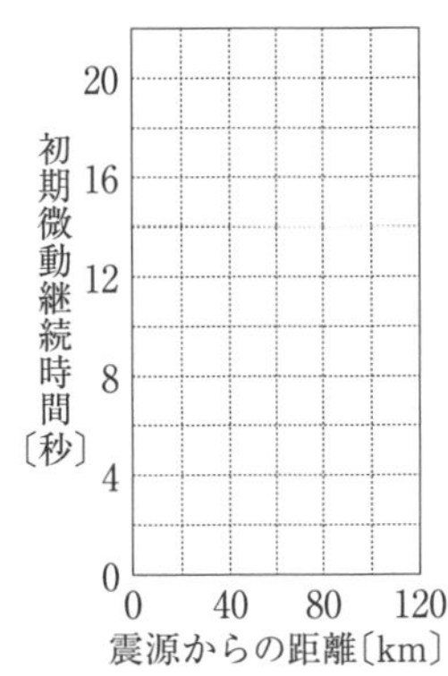

64% (1) 震源で岩石が破壊された時刻は何時何分何秒か，答えなさい。

70% (2) 震源からの距離と，初期微動継続時間の関係を表すグラフを，右にかきなさい。

56% (3) P波の速さは何km/sか，求めなさい。ただし，答えは，小数第2位を四捨五入して求めなさい。

〈宮崎県〉

2

【実習1】ある地震の震度を調べ，その分布を地図に表した（**図1**）。また，この地震のゆれを観測し，地点A～Dにおけるゆれ始めの時刻と，震源からの距離の関係を表した（**図2**）。

図1

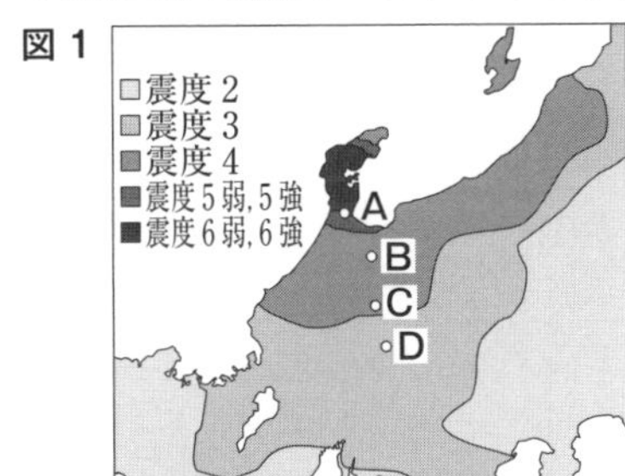

図2

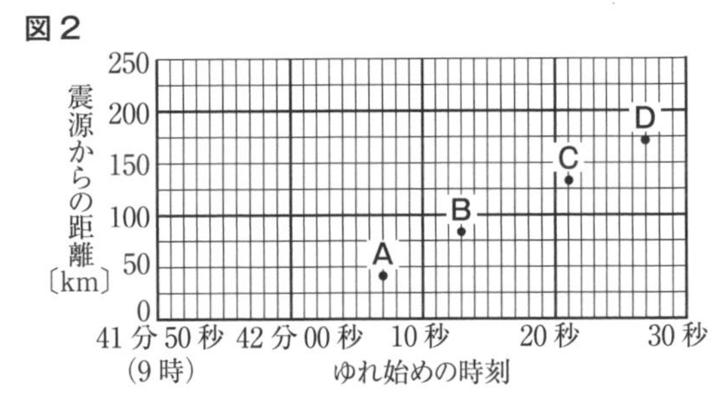

【実習2】実習1で調べた地震と異なる地域で起こったある地震について，2つの地点の地震計の記録を表した（**図3**）。

図3

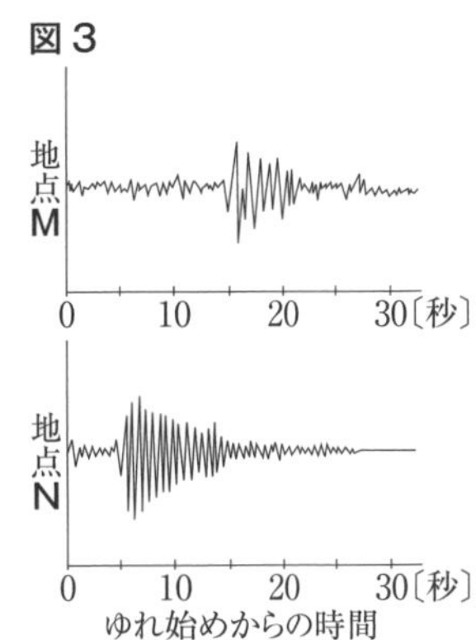

63% (1) 実習1で調べた地震の発生時刻はおよそ9時何分何秒か。

ア 41分50秒　**イ** 42分00秒

ウ 42分07秒　**エ** 42分27秒

絶対落とすな!! 記号 84% 理由 68% (2) 地点M，Nのゆれ始めの時刻について，正しいものを選びなさい。また，そのように判断した理由を簡潔に書きなさい。

ア ゆれ始めの時刻は，MよりNがはやい。

イ ゆれ始めの時刻は，NよりMがはやい。

ウ ゆれ始めの時刻は，MもNも同じ。

〈岐阜県〉

地層の重なりと過去のようす

例題

花子さんは，石灰岩の特徴について調べた。次の文の①～④の｛　｝の中から，それぞれ適当なものを1つずつ選び，記号で答えなさい。

正答率

①② 68%
③④ 74%

石灰岩は，①｛**ア**　堆積岩　**イ**　火成岩｝であり，②｛**ア**　うすい塩酸　**イ**　アンモニア水｝をかけると，二酸化炭素が発生する。また，石灰岩には**図1**のようなフズリナの化石が含まれていることがある。このようなフズリナの化石や，**図2**のような③｛**ア**　ビカリア　**イ**　サンヨウチュウ｝の化石は，④｛**ア**　古生代　**イ**　新生代｝の代表的な示準化石である。

図1
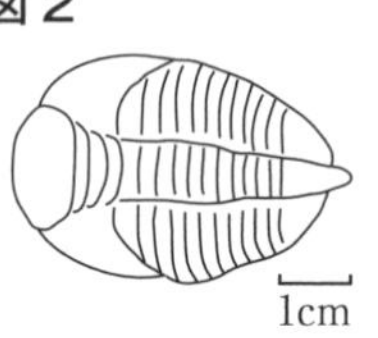

図2

〈愛媛県〉

解き方・考え方

①②石灰岩は，生物の死がいなどが堆積してできた堆積岩である。うすい塩酸をかけると二酸化炭素が発生する。チャートも生物の死がいなどが堆積してできた堆積岩であるが，うすい塩酸をかけても気体は発生せず，ハンマーでたたくと鉄が削れて火花が出るほどかたい。区別して覚えておこう。

③④**図2**はサンヨウチュウの化石である。フズリナの化石やサンヨウチュウの化石は示準化石で，地層が堆積した時代を知る手がかりとなる。フズリナとサンヨウチュウは代表的な古生代の示準化石である。

解答　①ア　②ア　③イ　④ア

入試必出！ 要点まとめ

■ 流れる水のはたらき

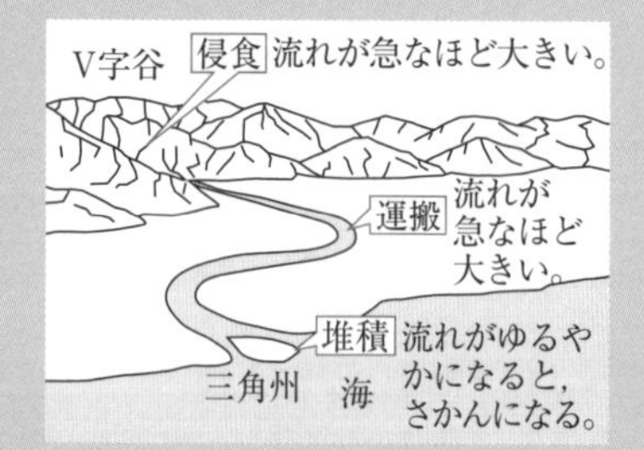

■ 地層

- 堆積物が下から上へと重なって地層をつくる。
- かぎ層（凝灰岩の層や化石を含む層など）をもとに，地層のつながりを知ることができる。

■ 化石

- **示準化石**
  地層が堆積した時代を知る手がかりとなる化石。

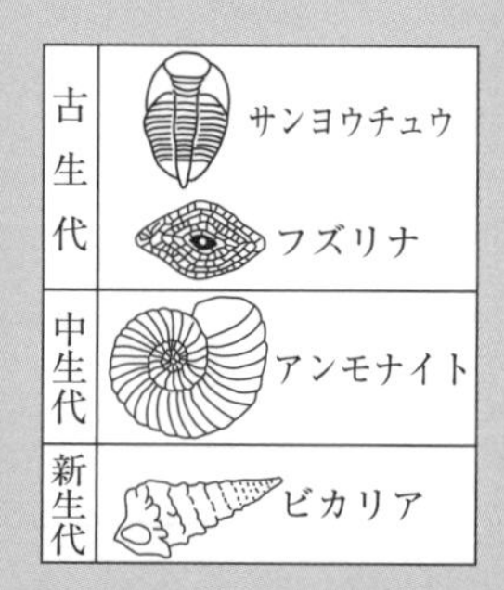

- **示相化石**
  地層が堆積した当時の環境を知る手がかりとなる化石。
  アサリ→浅い海
  サンゴ→あたたかくて浅い海

実力チェック問題

解答・解説 別冊 P. 12

1

3種類の堆積岩について，ルーペなどを用いて特徴を調べた。表は，その結果をまとめたものである。

堆積岩	特　徴
A	角ばった鉱物の結晶からできていた。
B	化石が見られ，うすい塩酸をかけるととけて気体が発生した。
C	鉄のハンマーでたたくと鉄が削れて火花が出るほどかたかった。

74%

〔1〕Bの堆積岩はサンゴのなかまの化石を含んでいたので，あたたかくて浅い海で堆積したことがわかる。このように，堆積した当時の環境を推定できる化石を何というか。言葉で書きなさい。

55%

〔2〕A～Cの堆積岩は石灰岩，チャート，凝灰岩のいずれかである。次の**ア**～**カ**から最も適切な組み合わせを１つ選び，記号で書きなさい。

ア　A：石灰岩　B：チャート　C：凝灰岩
イ　A：石灰岩　B：凝灰岩　C：チャート
ウ　A：チャート　B：石灰岩　C：凝灰岩
エ　A：チャート　B：凝灰岩　C：石灰岩
オ　A：凝灰岩　B：石灰岩　C：チャート
カ　A：凝灰岩　B：チャート　C：石灰岩

〈岐阜県〉

2

図は，ある地域のA～C地点で地層のようすを調べ，地表から深さ10mまでの地層の重なり方を表したものである。A～C地点の海面からの高さは，150m，152m，160mである。ただし，それぞれの層は厚さが一定で水平に重なっており，断層はないものとする。

A地点（150m）　B地点（152m）　C地点（160m）
地表からの深さ〔m〕 0～10
a 泥の層
b 砂の層
c れきの層
d 軽石の層
e 砂とれきの層

74%

〔1〕dの層から，この地域の近くでは，過去にどのようなできごとがあったと考えられるか，書きなさい。

絶対落とすな!! 92%

〔2〕eの層の中にサンゴの化石がたくさん見つかった。この層が堆積した当時，この地域はどのような環境の海であったと考えられるか。**ア**～**エ**から１つ選び，記号で答えなさい。

ア　冷たく深い海　**イ**　冷たく浅い海
ウ　あたたかく深い海　**エ**　あたたかく浅い海

52%

〔3〕この地域の海面からの高さが154mの地点では，地層の重なり方はどのようになっていると考えられるか。上の図にならって，地表から深さ10mまでの柱状図を右にかきなさい。

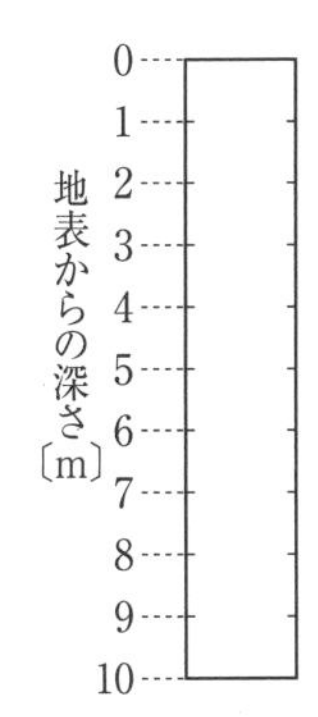

〈青森県〉

圧力と大気圧

正答率

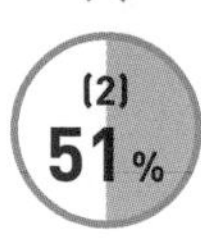

(1) 91%

(2) 51%

〔1〕 図1の直方体のレンガを水平な床に置いたときの，床がレンガから受ける圧力について調べた。このとき，レンガと床が接する面には互いに力が均等にはたらいていたものとする。
図1のレンガの面A～Cをそれぞれ下にして床に置いたとき，床がレンガから受ける圧力が最大になるのは，どの面を下にしたときか。また，最小になるのは，どの面を下にしたときか。記号で答えなさい。

〈愛媛県〉

図1

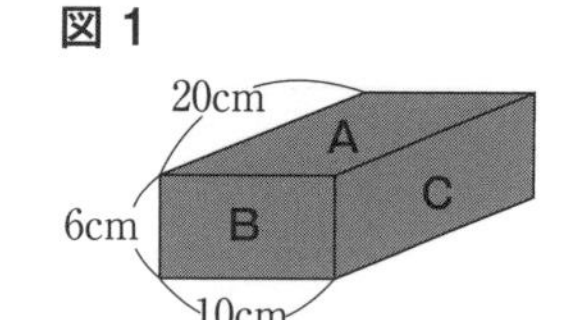

〔2〕 図2のような直方体の箱がある。この箱にはたらく重力の大きさは50Nである。面Dを下にして水平な床の上に置いたとき，箱が床におよぼす圧力は何Paか。

〈栃木県〉

図2

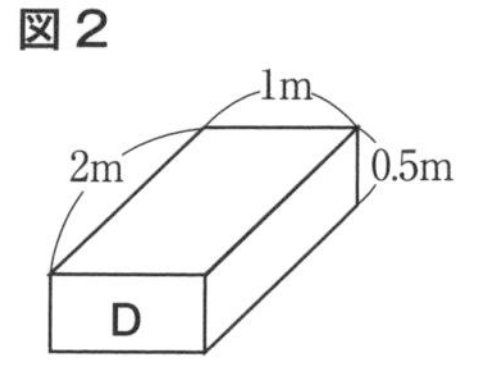

解き方・考え方

〔1〕 圧力は，力がはたらく面積に反比例することに着目する。同じ物体の置き方を変えて圧力を比べるときは，面を垂直におす力は一定なので，力がはたらく面積が小さいほど圧力は大きくなる。面**A**の面積は10cm × 20cm = 200cm²，面**B**の面積は10cm × 6 cm = 60cm²，面**C**の面積は20cm × 6 cm = 120cm²より，圧力が最大になるのは面**B**を下にして置いたとき。同様に，圧力が最小になるのは面**A**を下にして置いたときである。

〔2〕 面**D**の面積は1 m × 0.5m = 0.5m²なので，

$$\text{圧力〔Pa〕} = \frac{\text{面を垂直におす力〔N〕}}{\text{力がはたらく面積〔m}^2\text{〕}}$$ より，

$$\frac{50\text{N}}{0.5\text{m}^2} = 100\text{Pa}$$

解答 **〔1〕最大…B　最小…A**
〔2〕100Pa

入試必出！ **要点まとめ**

■圧力

- 物体どうしがふれ合う面に垂直にはたらく，一定面積あたりの力の大きさ。
- 単位はパスカル〔Pa〕やニュートン毎平方メートル〔N/m²〕
- 1 Pa = 1 N/m²
- $\text{圧力〔Pa〕} = \dfrac{\text{面を垂直におす力〔N〕}}{\text{力がはたらく面積〔m}^2\text{〕}}$

■大気圧（気圧）

- 地球上のあらゆるものにはたらく，上空にある大気にはたらく重力によって生じる圧力。
- 単位はヘクトパスカル〔hPa〕。
- 1 hPa = 100Pa
- 海面と同じ高さのところでの大気圧の大きさの平均は約1013hPaで，これを1気圧という。

実力チェック問題

解答・解説 別冊 P. 12

1 55%

面にはたらく力を調べるために，おもりとスポンジ，プラスチック板を使い次の実験を行った。

【実験】

①プラスチック板から，**図1**のような面積のちがう正方形板**A**，**B**を切りとる。

②**図2**のように，厚さ5 cmのスポンジ上に正方形板**A**をのせる。

③**図3**のように，正方形板の上に，いろいろな質量のおもりをのせ，スポンジのへこみd〔mm〕を調べる。

④横軸におもりの質量，縦軸にスポンジのへこみdをとり，グラフに●を記入する。

⑤次に，正方形板**A**を**B**にとり替えて，同様の実験を行い，結果をグラフに◆で記入する。

図4はその結果を記入したものである。ただし，正方形板の質量や変形による影響は考えないものとする。

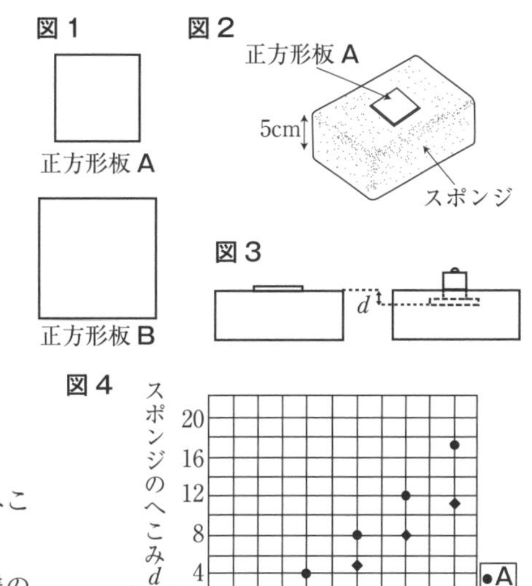

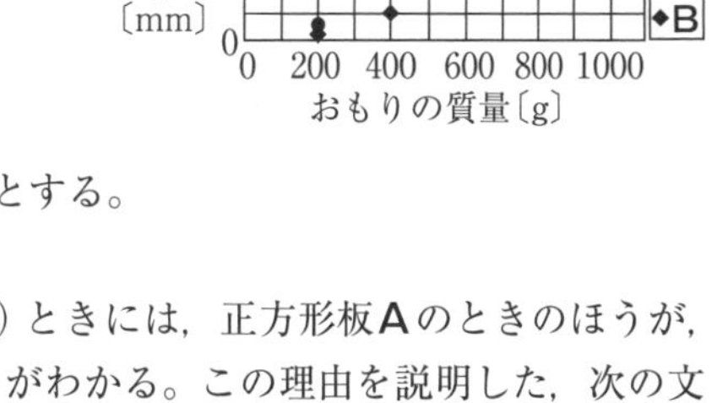

図4から，おもりの質量が等しい（重力が等しい）ときには，正方形板**A**のときのほうが，**B**のときに比べてスポンジのへこみが大きいことがわかる。この理由を説明した，次の文の[a]，[b]に入る適切なものを，**ア**～**ウ**からそれぞれ選び，記号で答えなさい。

おもりにはたらく重力が等しいとき，正方形板がスポンジをおす力の大きさは[a]が，圧力は[b]ため，正方形板**A**のときのほうが，スポンジのへこみが大きい。

ア　正方形板**A**のときのほうが大きい

イ　正方形板**B**のときのほうが大きい

ウ　正方形板**A**のときと**B**のときで等しい

〈山梨県〉

2 55%

右の図のように，直方体のレンガを表面が水平な板の上に置く。レンガの**A**の面を下にして置いたときの板がレンガによって受ける圧力は，レンガの**B**の面を下にして置いたときの板がレンガによって受ける圧力の何倍になるか。計算して答えなさい。

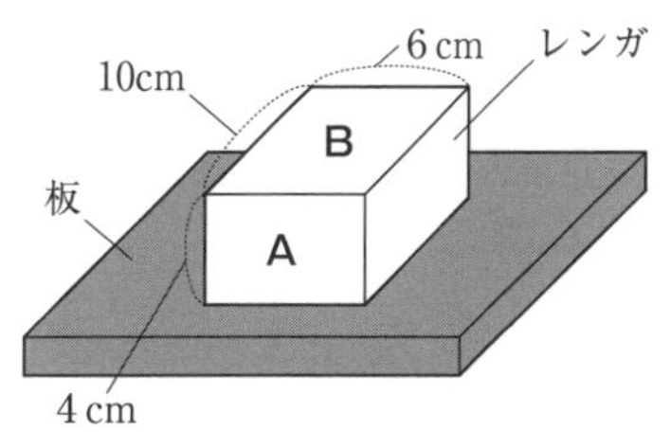

〈静岡県〉

地学

霧や雲の発生

例題

正答率

75%

図は，太陽のエネルギーによって地面があたためられ，上昇気流が発生して上空に雲ができるようすを表している。点線**A**は，地表近くの空気が上昇して，この空気の温度が露点に達する高度を示している。上昇する空気の湿度と温度について適切なものを1つ選び，記号で答えなさい。

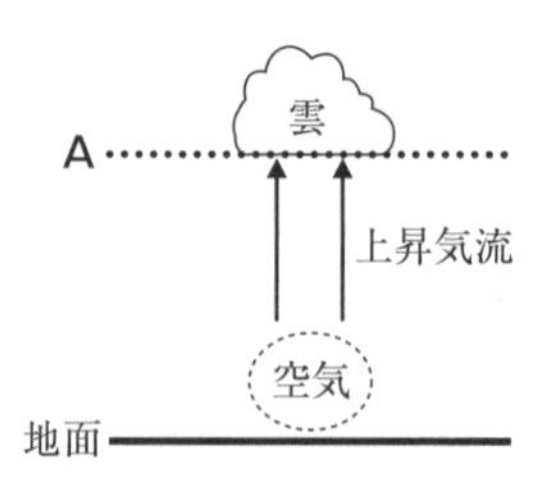

ア　上昇する空気の温度はしだいに低くなるとともに，湿度はしだいに高くなり，点線**A**の高度で水滴ができ始める。

イ　上昇する空気の温度はしだいに高くなるとともに，湿度もしだいに高くなり，点線**A**の高度で水滴ができ始める。

ウ　上昇する空気の温度はしだいに低くなるとともに，湿度もしだいに低くなり，点線**A**の高度で水滴ができ始める。

エ　上昇する空気の温度はしだいに高くなるとともに，湿度はしだいに低くなり，点線**A**の高度で水滴ができ始める。

〈東京都〉

空気が上昇すると，まわりの気圧が下がるため，空気は膨張して温度が下がる。よって，**ア**，**ウ**のいずれかが正しい。

飽和水蒸気量は，温度が低いほど小さいので，空気中に含まれる水蒸気量が同じとき，温度が下がると湿度は高くなる。そのため，点線**A**の高度で露点に達し，水滴ができ始めるのである。よって，**ア**が正しい。

解答　ア

入試必出！ 要点まとめ

■ 湿度の求め方

- 湿度〔%〕

$$= \frac{\text{空気1m}^3\text{中に含まれる水蒸気量〔g/m}^3\text{〕}}{\text{その気温での飽和水蒸気量〔g/m}^3\text{〕}} \times 100$$

■ 露点

- 空気に含まれる水蒸気が水滴に変わり始めるときの温度。

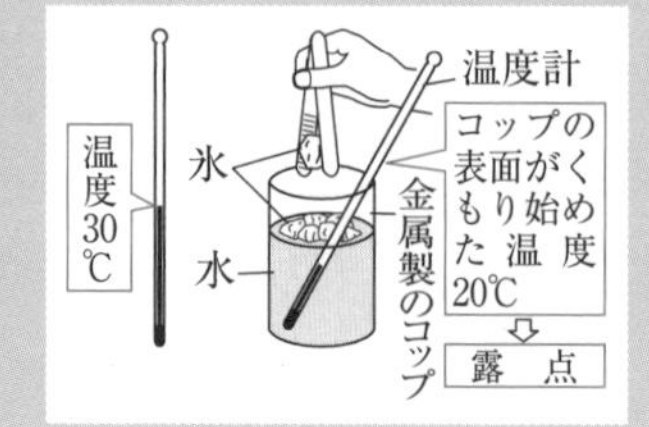

■ 気温と飽和水蒸気量の関係

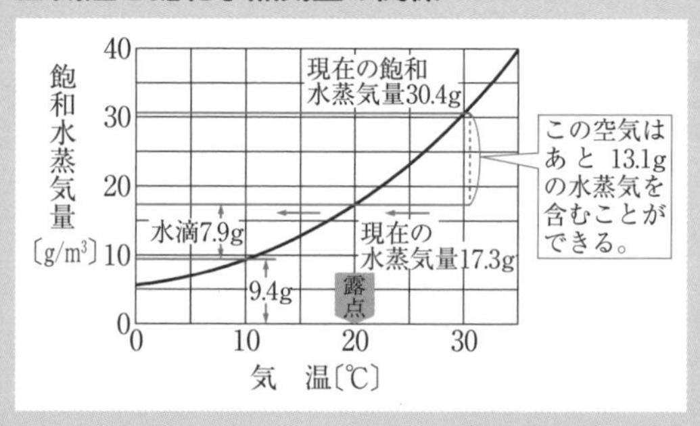

- 30℃で1m³中に17.3gの水蒸気を含む空気は，20℃まで気温が下がると露点に達し，10℃まで気温が下がると7.9gの水滴ができる。

実力チェック問題

解答・解説 別冊 P. 12

1

京子(きょうこ)さんは，休日に家族と登山をして疑問に思ったことを，次のようにまとめた。

・山頂から眺めると眼下に雲が美しく水平に広がっていた。雲がどのようにしてできるのか疑問に思い調べたところ，雲は地表付近の空気が上昇し，ある高さ以上に達したとき，水蒸気が細かい水滴や氷の粒となり，空気中に浮かぶために発生することがわかった。

・山頂でお弁当を食べたとき，密封された菓子袋が，家で見たときよりも大きくふくらんでいたことに気づき，この理由について考えた。

図1は雲のでき方の模式図で，**図2**は気温と飽和水蒸気量の関係のグラフである。

75%

(1) **図1**の**A**点における気温は20℃で，空気1 m^3の中には，およそ7 gの水蒸気が含まれていた。**図2**をもとにして考えると，この空気の湿度はおよそ何%か。**ア**～**エ**から1つ選び，記号で答えなさい。

ア 20%　**イ** 40%
ウ 60%　**エ** 80%

図1

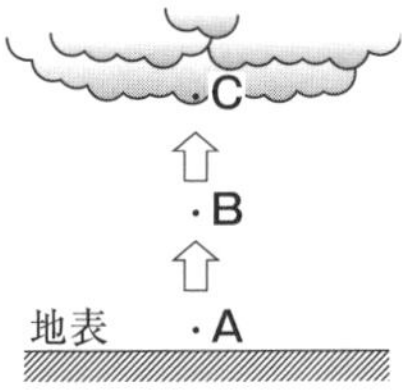

C
B
地表　A

図2

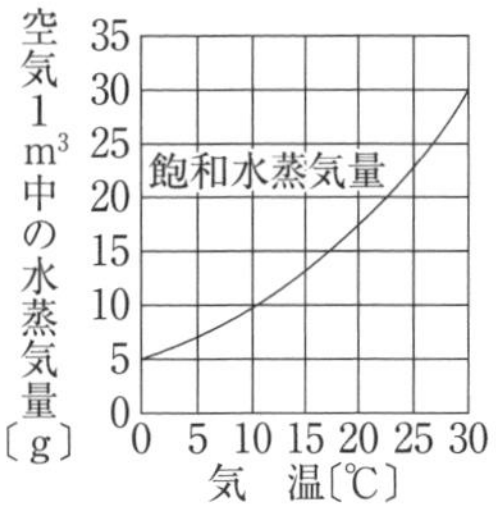

空気1 m^3中の水蒸気量〔g〕
35 30 25 20 15 10 5 0
飽和水蒸気量
0 5 10 15 20 25 30
気 温〔℃〕

54%

(2) 下線部の現象が起こったのはなぜか，その理由を簡単に書きなさい。 〈山梨県〉

2

【実験】3つのビーカー**A**，**B**，**C**を用意し，ビーカー**A**には約15℃の水を入れ，ビーカー**B**，**C**には約30℃のぬるま湯を入れた。3つのビーカーの中に線香の煙を少し入れ，右の図のようにビーカー**A**，**B**には約15℃の水を入れた丸底フラスコをのせ，ビーカー**C**には氷と少量の水と食塩を入れた丸底フラスコをのせた。ビーカー内の空気と丸底フラスコのようすを観察し，その結果を表にまとめた。

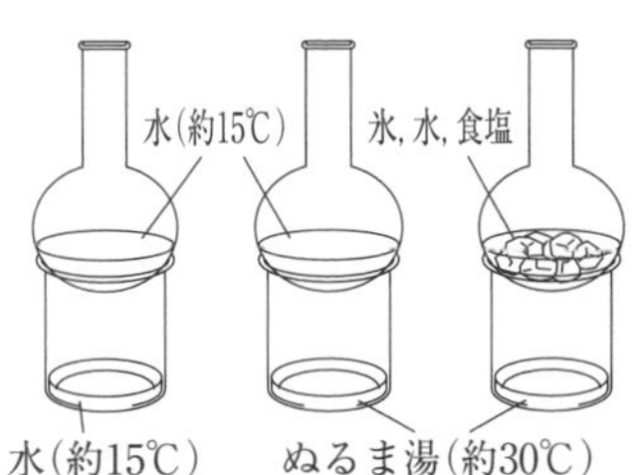

53%

(1) ビーカー**A**，**B**，**C**で，水や氷に状態変化した水蒸気の量をそれぞれa，b，cとする。

ビーカー	ビーカー内の空気のようす	丸底フラスコの底のようす
A	変化は見られなかった。	変化は見られなかった。
B	変化は見られなかった。	表面が白くくもった。
C	ビーカー内の上部で霧ができた。	表面に氷がついた。

これらを比べたとき，正しいものを1つ選び，記号で答えなさい。

ア a＜b＜c　**イ** a＜c＜b　**ウ** c＜a＜b　**エ** c＜b＜a

絶対落とすな!! ① 94%　絶対落とすな!! ② 84%　③ 75%　④ 76%

(2) 次の文は，実験の結果について考察したものである。正しくなるように，①，②，③はそれぞれ1つ選び，記号で答えなさい。また，④には適切な語句を入れなさい。

ビーカー**A**では変化がなかったが，ビーカー**B**では丸底フラスコの底の表面が白くもった。これは，水の温度が高いほど水面から蒸発する水蒸気の量が①｛**ア** 少ない　**イ** 多い｝ためである。さらに，ビーカー**C**では霧ができたことから，空気の温度が②｛**ウ** 低い　**エ** 高い｝ほど凝結する水蒸気の量が多いことがわかる。この実験から，空気が含むことのできる水蒸気の量には限度があり，その量は空気の温度が高いほど③｛**オ** 小さい　**カ** 大きい｝ことがわかる。1 m^3の空気中に含むことのできる最大の水蒸気量を（ ④ ）と呼び，これが霧や雲の発生する条件に大きく関係している。

〈宮城県〉

前線の通過と天気の変化，日本の天気

例題

正答率 (1) 67% (2) 56%

図1は，ある年の11月26日12時（正午）の天気図である。

(1) **図1**には，**A**地点の天気，風向，風力が天気図記号で示されている。その記号が表す天気，風向，風力をそれぞれ書きなさい。

(2) **図2**は，**図1**の日の**B**地点における気温の変化を表したものであり，この日，**図1**に示す寒冷前線が**B**地点を通過した。**図2**に▇で示す**ア**～**エ**の時間帯のうち，この前線が**B**地点を通過したと考えられるのはどの時間帯か。**ア**～**エ**から1つ選び，記号で答えなさい。また，そのように考えた理由を，**図2**をもとに簡単に書きなさい。

〈愛媛県〉

図1

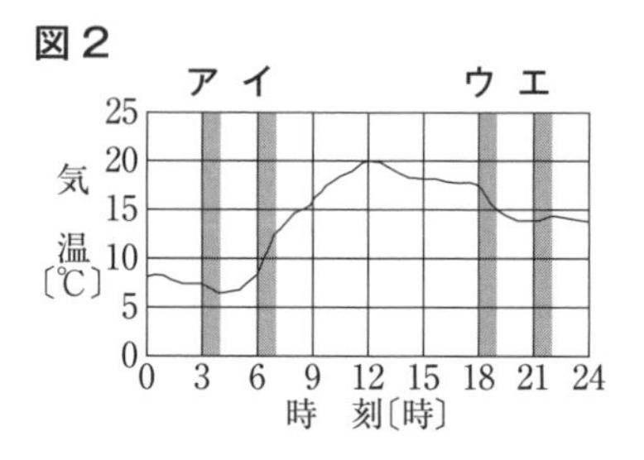

解き方・考え方

(1) A地点の天気図記号より，天気は◎なのでくもりである。また，風向は風のふいてくる方位を矢の向きで表すので南とわかる。風力ははねの数で表すので3とわかる。

(2) 寒冷前線が通過すると，風向が北寄りになり，短時間に激しい雨が降る，気温が急に下がるなどの天気の変化が見られる。**図2**を見ると，**ウ**の時間帯に気温が急に下がっているので，このとき**B**地点を寒冷前線が通過したと考えられる。

解答

(1) 天気…くもり　風向…南
風力…3

(2) 記号…ウ　理由…（例）気温が急に下がっているから。

入試必出！ 要点まとめ

■ 温帯低気圧と前線の構造

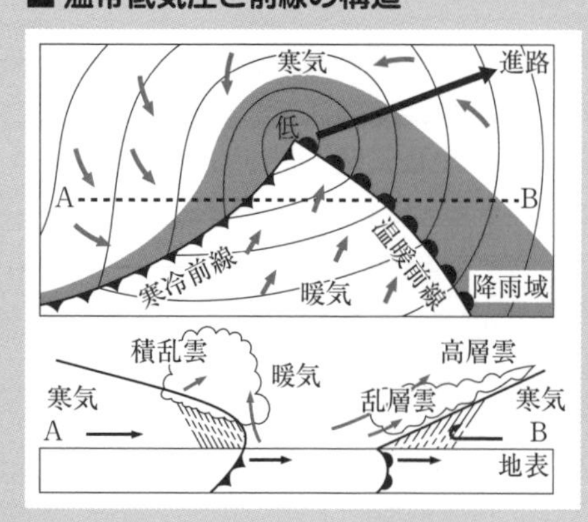

■ 前線の通過と天気の変化

● **寒冷前線**

① 風向が北寄りに変わる。

② 短時間に激しい雨が降り，気温が急に下がる。

● **温暖前線**

① 風向が南寄りに変わる。

② 長時間おだやかな雨が降り，気温が上がる。

■ 日本の天気

● 影響をあたえる気団

冬：シベリア気団　　夏：小笠原気団

梅雨：オホーツク海気団，小笠原気団

● 偏西風で，天気は西から東へ変わることが多い。

実力チェック問題

1

〔1〕**図1**は，山梨県のある場所での，１日の気温の変化を表したグラフである。なお，この日の天気は１日を通して晴れていた。この日の湿度の変化を表したグラフとして，最も適当なものはどれか。**ア〜エ**から１つ選び，記号で答えなさい。ただし，縦軸は湿度〔%〕，横軸は時刻〔時〕を表すものとする。

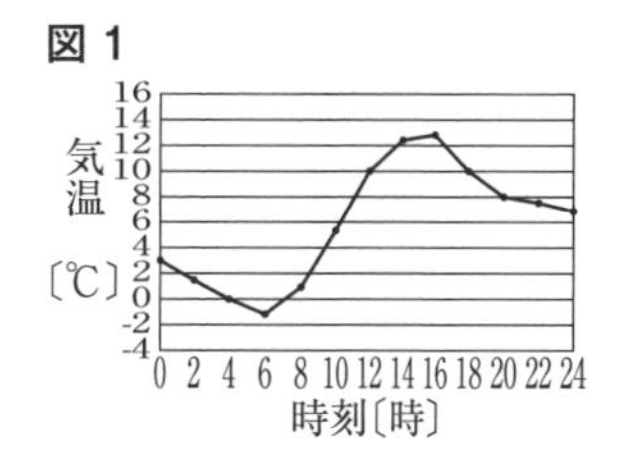

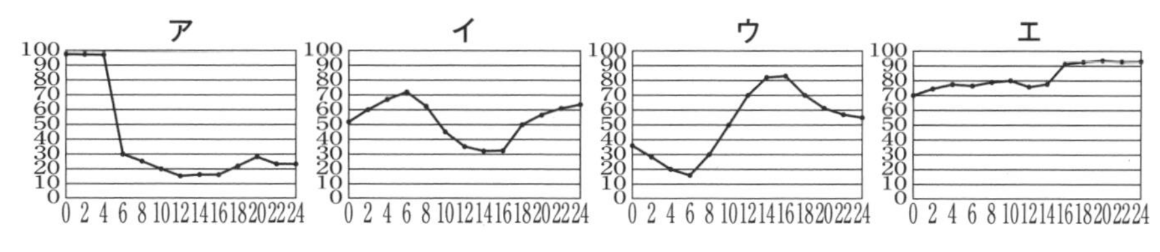

〔2〕**図２**は，ある日の９時，12時，15時の日本列島付近の天気図を並べたものである。

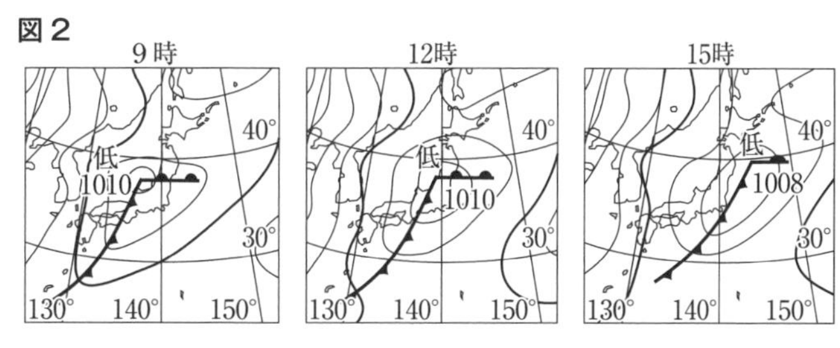

①この日の９時から15時の間に，山梨県を通過した前線の名称を書きなさい。

②次の文は①で答えた前線付近の大気のようすや天気の変化について述べたものである。（　**ア**　）〜（　**ウ**　）にあてはまる適切な語句を書きなさい。

一般的に，この前線付近では，寒気が（　**ア**　）の下に入り込んでいる。また，このときできる上昇気流によって（　**イ**　）雲が発達し，せまい範囲で短い時間に強い雨が降る。この前線が通過したあとは，気温が（　**ウ**　）。

〈山梨県〉

2

右の図は，日本付近の特徴的な冬の気圧配置を示した模式図である。

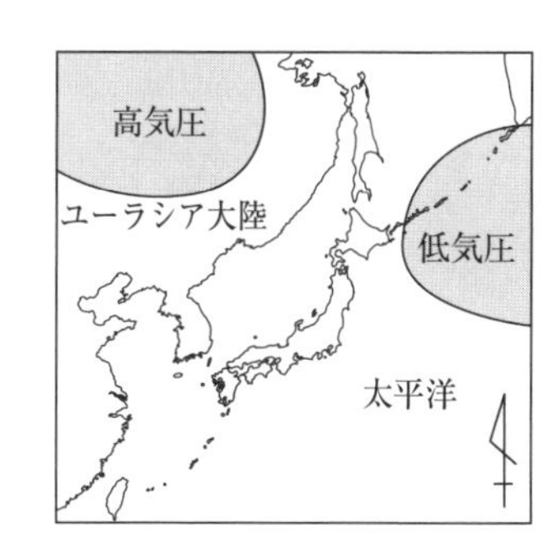

〔1〕図の高気圧を中心に発達し，日本の冬の天気に影響をあたえる気団を何気団というか。書きなさい。

〔2〕図の気圧配置を何というか。

〈福島県〉

地学

日周運動と自転

例題

正答率 65%

右の図は，宿泊学習１日目の午後８時に見えた北極星とカシオペア座の位置を示した模式図である。この日の午後10時に北の空を観察したとき，午後８時のときに比べて，カシオペア座の位置が移動していた。次の文章は，そのときのようすについてまとめたものである。[a]，[b]にあてはまるものの組み合わせとして適切なものを，**ア**～**エ**から１つ選び，記号で答えなさい。

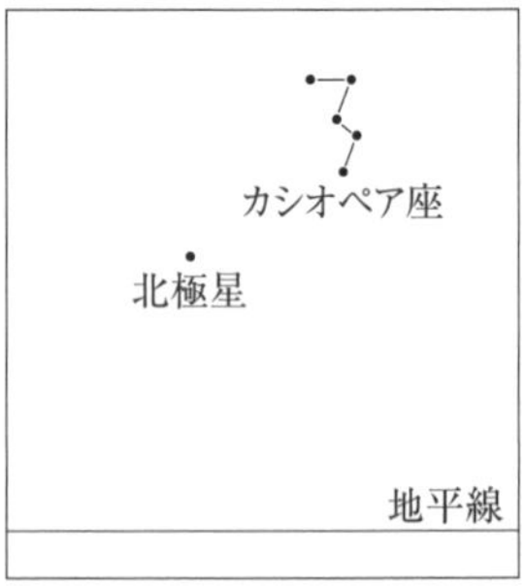

カシオペア座
北極星
地平線

午後10時に観察したカシオペア座は，午後８時に見えた位置より，北極星を中心に[a]まわりに約[b]回転した位置に見えた。

ア　a　時計　　b　30°
イ　a　時計　　b　60°
ウ　a　反時計　b　30°
エ　a　反時計　b　60°

〈山形県〉

解き方・考え方

同じ星を同じ場所で観測したとき，北の空では，星は北極星を中心に１時間に約15°反時計まわりに回転して見える。午後10時は，午後８時の２時間後なので，15°×２＝30°反時計まわりに回転した位置に見える。

このような星の１日の動きを日周運動という。日周運動は，地球が１日に１回自転していることによって起こる見かけの運動である。

解答　ウ

入試必出！ 要点まとめ

■ 星の１日の動き（北の空の場合）

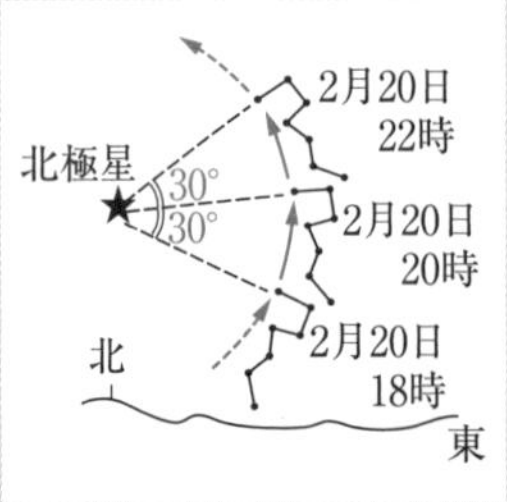

北極星
30°
30°
2月20日 22時
2月20日 20時
2月20日 18時
北
東

● １時間に15°，２時間に30°ずつ反時計まわりに動いて見える。

■ 季節による太陽の１日の動き（北半球の場合）

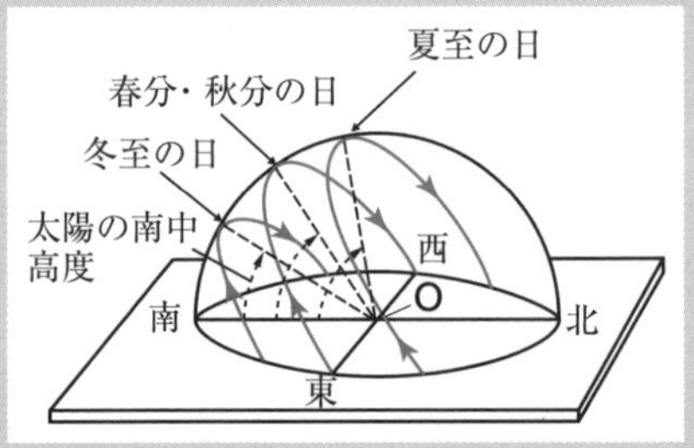

● 太陽の位置を記録するときは，フェルトペンの先の影が円の中心Oにくるようにする。

実力チェック問題

解答・解説 別冊 P. 13

1

県内のある場所で金星とオリオン座を観察した。

【観察1】3月1日の20時に，金星は西の空に見え，その近くにオリオン座が見えた。右の図はそのスケッチである。同じ日の21時には，金星とオリオン座の位置が変化していた。

【観察2】翌日の20時の金星とオリオン座の高度は，前日の20時とほぼ同じ位置に見えた。

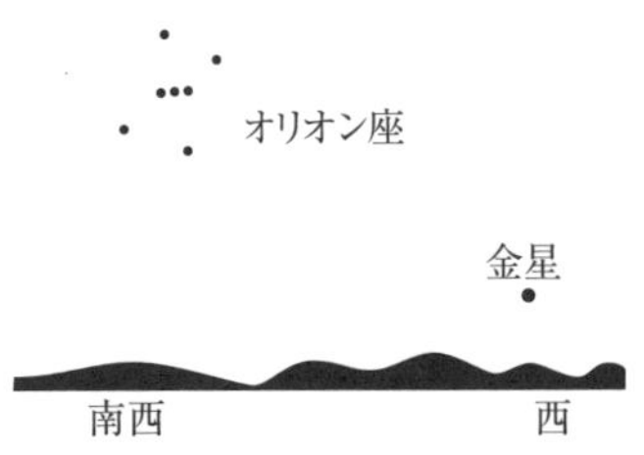

金星 67% / オリオン座 63%

(1) 観察1で，21時の金星とオリオン座の高度は，20時の高度と比べると，それぞれどうなるか。「高くなる」，「低くなる」のいずれかで書きなさい。

絶対落とすな!! 80%

(2) 観察1，2のように，金星とオリオン座が，時間の変化とともに位置を変えながら，1日後にほぼ同じ位置に見えるのは，地球が自転しているからである。地球の自転による金星やオリオン座の1日の見かけの動きを何というか。言葉で書きなさい。

〈岐阜県〉

2

季節による太陽の1日の動きのちがいを調べるために，山形県内のある場所で，夏至に近い日（1回目）と秋分に近い日（2回目）に，**図1**のようにして太陽の動きを観測した。なお，**図1**で，厚紙には，透明半球と同じ直径の円と，その円の中心で直角に交わる2本の直線がかいてあり，厚紙は方位を正しく合わせて水平に置いてある。また，透明半球はふちが厚紙にかいてある円に重なるようにして置いてある。

図1

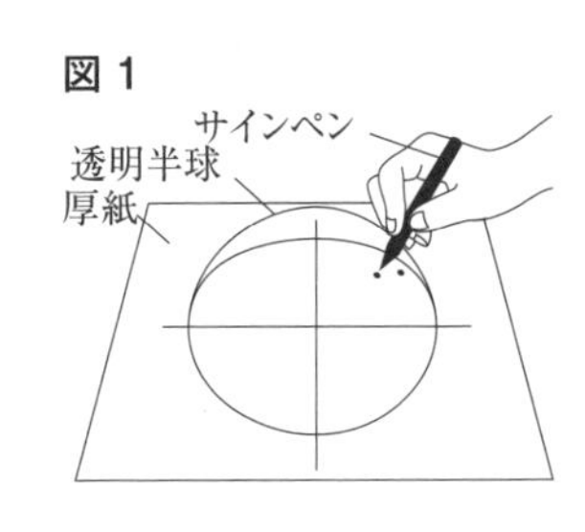

78%

(1) 次の文は，**図1**のようにして，透明半球の表面に，太陽の位置を正確に記録するための印のつけ方について述べたものである。□にあてはまる言葉を書きなさい。

サインペンの先の影の位置が□ようにして，印をつける。

57%

(2) **図2**は，1回目に記録した印をなめらかな線で結び，さらに，その線を太陽の動きを予測しながら，透明半球のふちまでのばしてかいたようすを表した模式図である。午前8時40分と午前9時40分に記録した印の間の線の長さをはかったところ，2.5cmであった。また，透明半球のふちまでのばしてかいた線の全長は37cmであった。この結果から推測される，1回目に太陽の動きを観察した場所での，日の出から日の入りまでの時間に最も近いものを**ア**～**エ**から1つ選び，記号で答えなさい。

図2

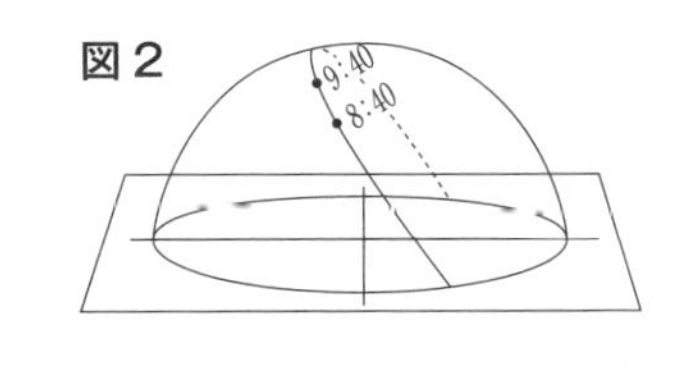

ア　約12時間　　**イ**　約13時間　　**ウ**　約14時間　　**エ**　約15時間

(3) 2回目の観測でも，1回目と同じように記録した透明半球を用いて太陽の位置を記録し，1回目と同じように線を透明半球のふちまでのばしてかいた。1回目と2回目に記録した結果を表している模式図として最も適切なものを，**ア**～**エ**から1つ選び，記号で答えなさい。

ア

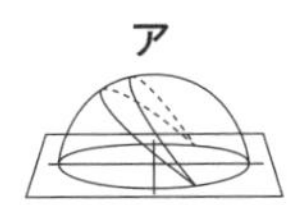

イ

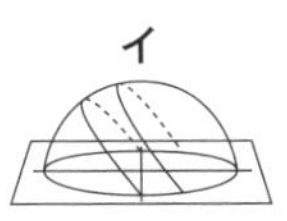

ウ

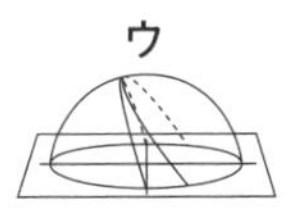

エ

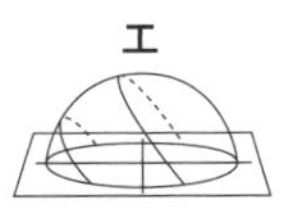

〈山形県〉

年周運動と公転

例題

正答率

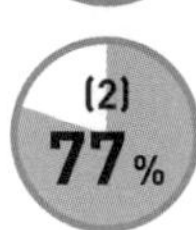

(1) **図1**は，太陽と地球とオリオン座の位置関係を示した模式図である。真夜中の0時にオリオン座が南中するのは，地球がどの位置にあるときか。**図1**の**ア**～**エ**から1つ選び，記号で答えなさい。

(2) オリオン座が真夜中の0時に南中してから，1か月後の同時刻に観察したとき，オリオン座はどの位置に見えるか。**図2**の**ア**～**ウ**から1つ選び，記号で答えなさい。

〈岐阜県〉

図1

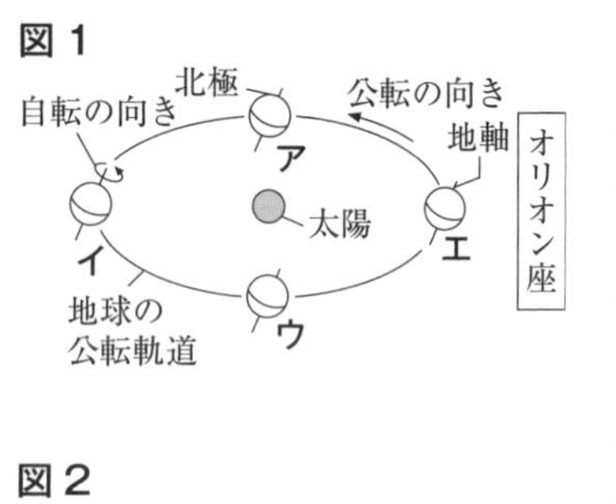

図2

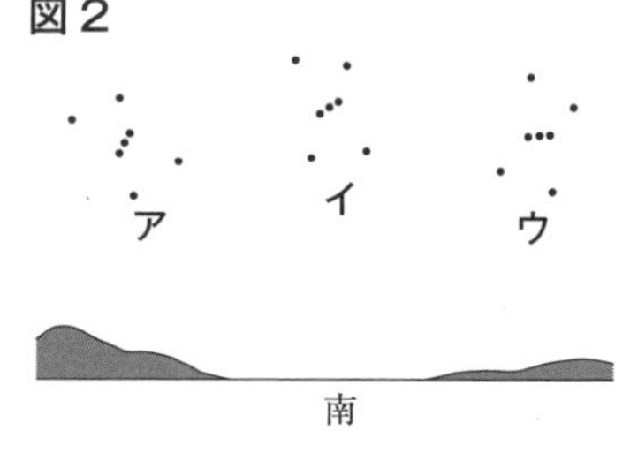

解き方・考え方

(1) 真夜中の0時に南中する星座は，地球から見て太陽とは反対の方向にある星座である。よって，オリオン座が真夜中の0時に南中するのは，地球が**図1**の**エ**の位置にあるときである。

(2) 同じ星座を同じ時刻に同じ場所で観測すると，星は1か月に30°，東から西へ移動して見える。よって，1か月後のオリオン座は**図2**の**ウ**の位置に見える。

解答 (1) エ (2) ウ

入試必出！ 要点まとめ

■ 星の1年の動き（北の空の場合）

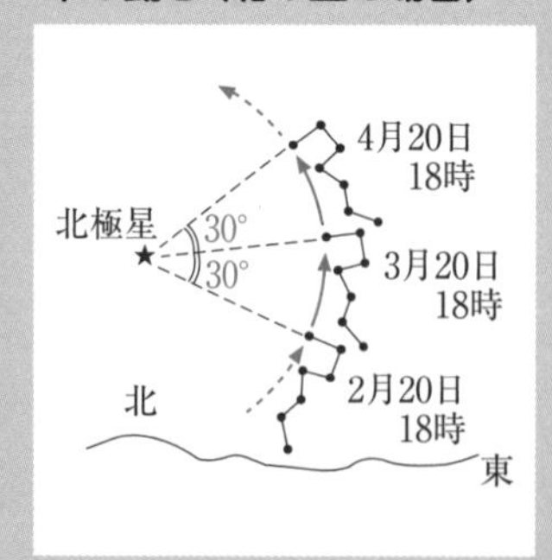

● 同じ時刻の星の位置は，1か月に約30°ずつ反時計まわりに動いて見える。

■ 地軸の傾きと季節の変化

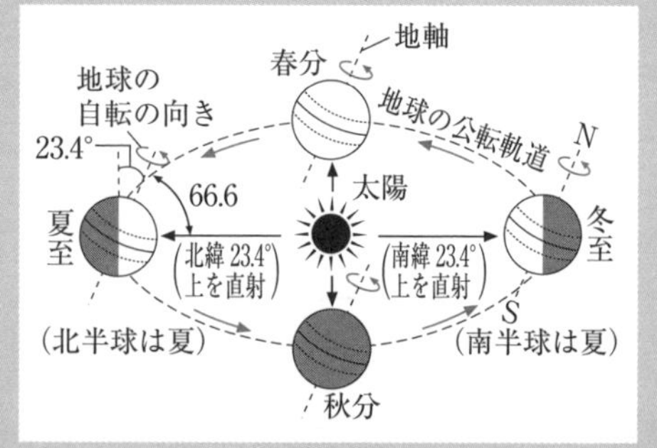

● 季節が生じるのは，地球が地軸を公転面に立てた垂線に対して23.4°傾けたまま公転しているから。

実力チェック問題

解答・解説 別冊 P. 14

1

右の図は，春分，夏至，秋分，冬至のときの太陽，地球および，おもな星座の位置関係を模式的に表したものである。図の**A**～**D**は，地球の位置を示す記号であり，また，公転面の矢印は地球の公転の向きを示している。

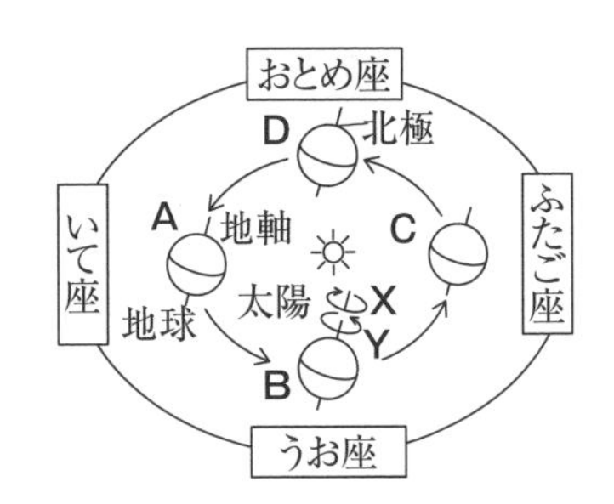

72% (1) 日本で冬至となる日は，地球がどの位置のときか。図中の**A**～**D**から１つ選び，記号で答えなさい。

55% (2) 地球の自転の向きは，図の**B**の地軸のまわりに示した矢印**X**, **Y**のどちらか。また，日本のある地点で，南の空に見える星は，時間とともにどのように移動するか。自転の向き，南の空に見える星の移動として，最も適当な組み合わせを右の**ア**～**エ**から１つ選び，記号で答えなさい。

	自転の向き	南の空に見える星の移動
ア	X	東から西へ移動する
イ	X	西から東へ移動する
ウ	Y	東から西へ移動する
エ	Y	西から東へ移動する

74% (3) 日本のある地点で，真夜中の１時に，南の空にふたご座が見えた。３か月後の同じ時刻に，南の空に見られる星座として，最も適当なものを**ア**～**エ**から１つ選び，記号で答えなさい。

ア いて座　**イ** うお座　**ウ** ふたご座　**エ** おとめ座

〈新潟県〉

2

図１は，日本のある場所で春分の日，夏至の日，秋分の日，冬至の日の太陽の動きの観測の結果をまとめたものである。**図２**は，この場所における，日の出と日の入りの時刻を調べ，１年間の昼間の長さの変化を表したものである。

図１

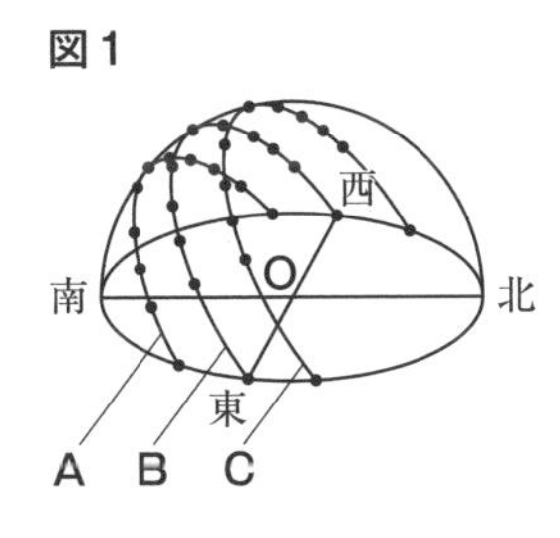

図２

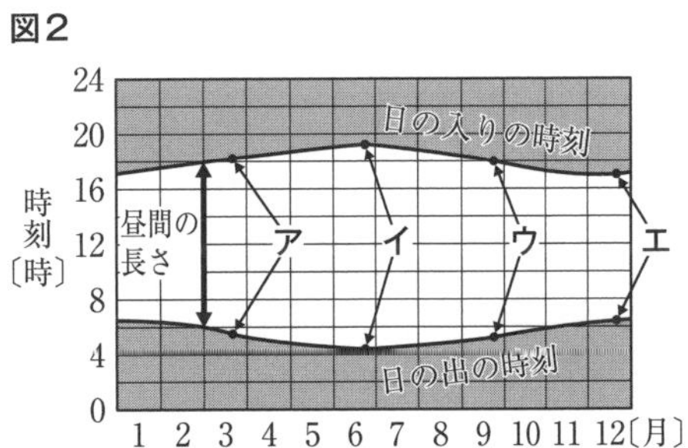

絶対落とすな!! 86% (1) この場所での，夏至の日の太陽の動きと，日の出，日の入りの時刻として，最も適切なものを，**図１**の**A**～**C**，**図２**の**ア**～**エ**からそれぞれ１つずつ選び，記号で答えなさい。

50% (2) 同じ場所で太陽の動きを継続的に調べると，季節によって太陽の南中高度や日の出，日の入りの位置が変化し，昼間の長さも変化していることがわかる。１年間で，太陽の南中高度や昼間の長さが変化するのはなぜか，答えなさい。

〈鳥取県〉

太陽のようす

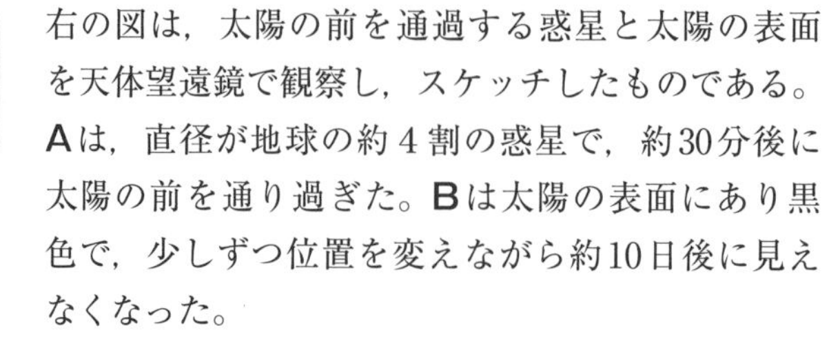

例題

正答率

(1) 67%

絶対落とすな!! (2) 81%

右の図は，太陽の前を通過する惑星と太陽の表面を天体望遠鏡で観察し，スケッチしたものである。Aは，直径が地球の約4割の惑星で，約30分後に太陽の前を通り過ぎた。Bは太陽の表面にあり黒色で，少しずつ位置を変えながら約10日後に見えなくなった。

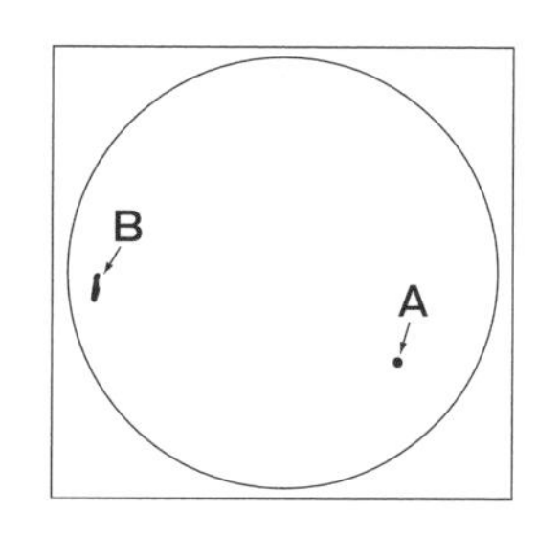

(1) Aの名称は何か，次のア～エから1つ選び，記号で答えなさい。
　ア 火星　イ 水星　ウ 木星　エ 土星

(2) Bが黒色に見える理由を書きなさい。

〈青森県〉

解き方・考え方

(1) 太陽の表面を観測したとき，太陽の前を通過するのは，地球よりも内側を公転している惑星である。地球よりも内側を公転している惑星は水星と金星の2つだけなので，イが正しい。

(2) 太陽の表面にあり，黒色に見えるBは黒点である。黒点は，まわりよりも温度が低いため，黒く見える。

解答 (1) イ
(2)（例）まわりより温度が低いから。

入試必出!・要点まとめ

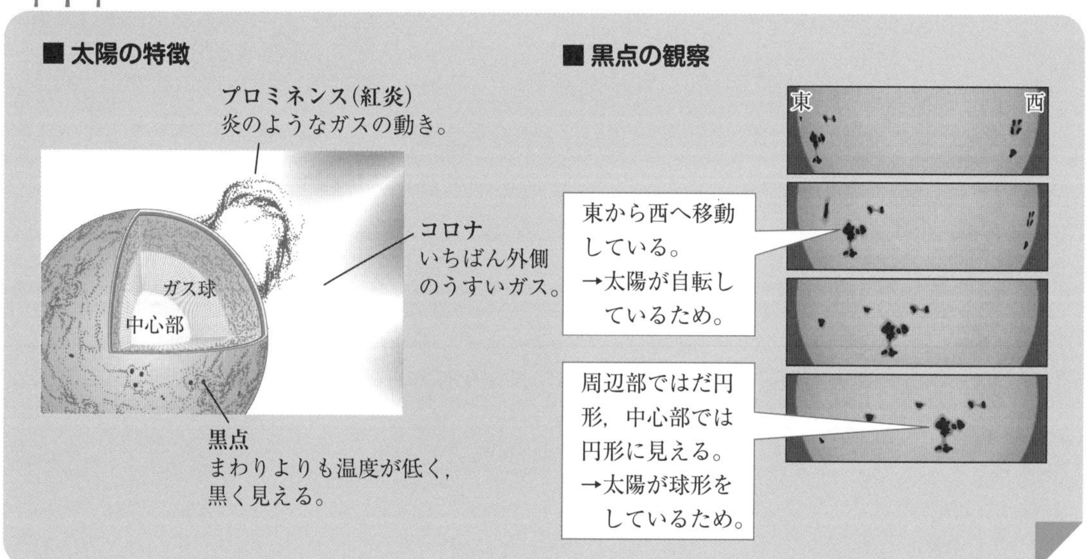

実力チェック問題

解答・解説 別冊 P. 14

1

日本のある場所で，太陽表面にある黒点の観察を行った。ただし，観察期間中，太陽表面の黒点の大きさと形は変わらないものとする。

【観察】図1のように，天体望遠鏡にとりつけた投影板に，円をかいた記録用紙を上の辺が水平になるように固定した。記録用紙に投影される太陽の像の大きさが記録用紙の円と一致するように接眼レンズと投影板を調節し，投影される黒点の像を，毎日9時に8日間スケッチした。

図1

【結果】①観察1日目には，**図2**のように太陽の像の中心に円形の黒点の像が記録された。a太陽の像は記録用紙上を**図2**の矢印の方向に動いて，記録用紙の円からはずれた。

②観察2日目から7日目までの間，b1日目に観察した黒点の像は，日がたつにしたがって太陽の像の西に向かって移動した。また，c1日目に観察した黒点の像は，西に向かって移動するとだ円形になり，太陽の像の周辺に近づくほど細くなった。

③d観察8日目には，1日目に観察した黒点の像は見えなくなった。

図2

I 71%

(1) 次の文の中の（ Ⅰ ），（ Ⅱ ）にあてはまる言葉を書きなさい。

絶対落とすな!! Ⅱ 90%

太陽は非常に高温であり，太陽をつくる物質は，物質の3つの状態のうち（ Ⅰ ）の状態になっている。また，太陽は自ら光りかがやいており，このような天体を（ Ⅱ ）という。

絶対落とすな!! 90%

(2) 太陽表面の黒点はまわりより暗いため黒く見える。まわりより暗いのはなぜか。

69%

(3) **図2**の記録用紙に投影された太陽の像において，東の方向はどちらか。**図2**の**ア**～**エ**から1つ選び，記号で答えなさい。

絶対落とすな!! 84%

(4) 下線部**a**～**d**の中で，太陽が球形をしているために観察されることはどれか。1つ選び，記号で答えなさい。

〈福島県〉

2

右の図のような天体望遠鏡を太陽の方向に合わせ，太陽投影板に太陽の像がはっきりうつるようにして，太陽の表面のようすを観察した。

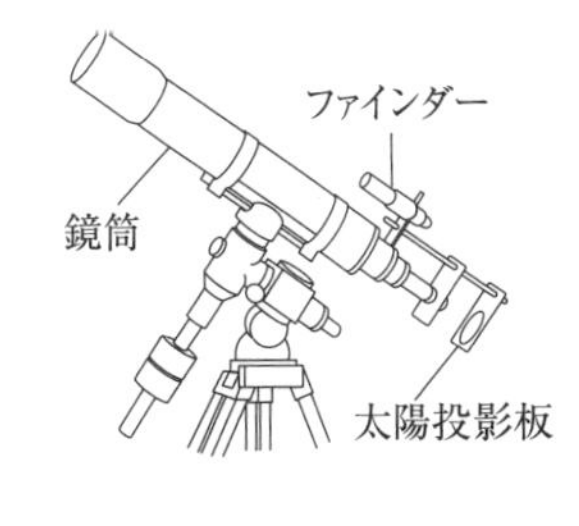

70%

(1) 図の天体望遠鏡を用いて太陽を観察しているとき，安全のために，ファインダーは，どのようにしておかなければならないか。「ファインダーに」という書き出しに続けて簡単に書きなさい。

61%

(2) 天体望遠鏡の鏡筒を固定しておくと，太陽投影板にうつる太陽の像は，数分で太陽投影板から外れていった。その理由として最も適当なものを**ア**～**エ**から1つ選び，記号で答えなさい。

ア 太陽が自転しているから。　**イ** 地球が公転しているから。

ウ 地球が自転しているから。　**エ** 地軸が傾いているから。

〈愛媛県〉

地学

惑星と恒星

例題

正答率　(1) 74%　(2)① 76%　(2)② 85%　絶対落とすな!!

(1) 右の図は，太陽と地球と金星の位置関係を示した模式図である。地球が図の位置にあるとき，日没直後に金星が西の空に見えるのは，金星がどの位置にあるときか。**ア**～**エ**から１つ選び，記号で答えなさい。

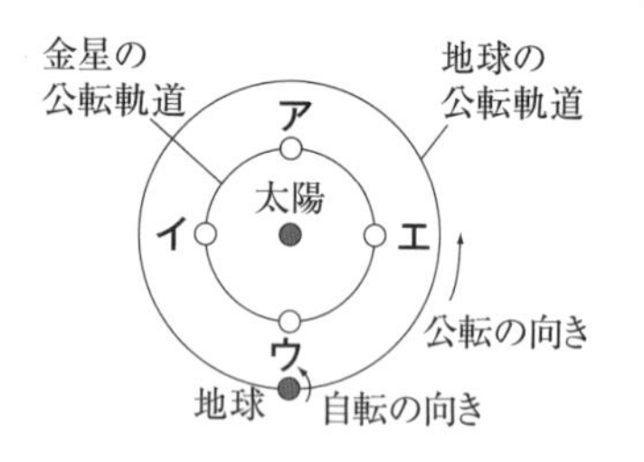

(2) 次の文中の□の①，②にあてはまる言葉を書きなさい。

金星は，地球と同じように太陽のまわりを公転し，太陽の光を反射してかがやいている。このような天体を［①］という。また，オリオン座などの星座を形づくる星のように，自ら光りかがやく天体を［②］という。

〈岐阜県〉

解き方・考え方

(1)　金星は，地球よりも内側を公転する惑星なので，明け方の東の空か，日没後の西の空にしか見えない。地球において日没の位置は，右の図の•の位置になるので，西の空に見えるのは**イ**の位置にある金星である。

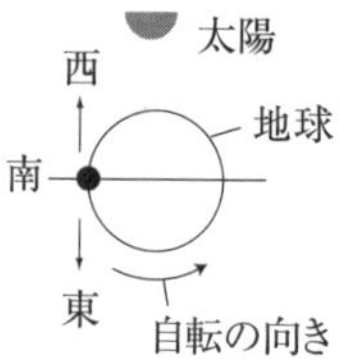

太陽
西
地球
南
東
自転の向き

(2)　金星や地球のように，太陽のまわりを公転し，太陽の光を反射してかがやく天体を惑星という。これに対して，星座を形づくる星のように，自ら光りかがやく天体を恒星という。太陽も恒星の１つである。

解答　(1) イ　(2) ①　**惑星**　②　**恒星**

入試必出！ 要点まとめ

■ 太陽系の惑星

- 水星，金星，地球，火星，木星，土星，天王星，海王星の８つ。
- **内惑星**…地球よりも内側を公転する惑星。
  水星と金星
- **外惑星**…地球よりも外側を公転する惑星。
  火星，木星，土星，天王星，海王星
- **地球型惑星**…質量や赤道直径は小さいが，平均密度は大きい。
  水星，金星，地球，火星
- **木星型惑星**…質量や赤道直径は大きいが，平均密度は小さい。
  木星，土星，天王星，海王星

■ 金星の見え方

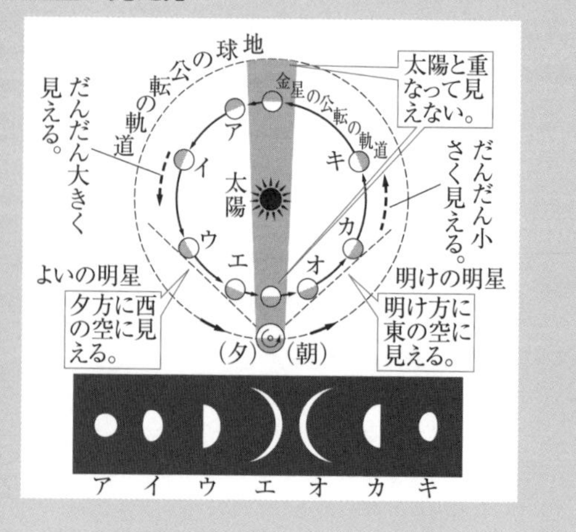

実力チェック問題

解答・解説 別冊 P. 14

1

次の表は，太陽系の惑星についてインターネットで調べてまとめたものである。

	太陽からの平均距離	赤道直径	公転周期〔年〕	質量	平均密度〔g/cm³〕
水星	0.39	0.38	0.24	0.06	5.4
金星	0.72	0.95	0.62	0.82	5.2
地球	1	1	1	1	5.5
火星	1.5	0.53	1.9	0.11	3.9
木星	5.2	11	12	318	1.3
土星	9.6	9.5	30	95	0.69
天王星	19	4.0	84	15	1.3
海王星	30	3.9	165	17	1.6

（注　太陽からの平均距離，赤道直径，質量は地球を1とした値である。）

□□□ 89%

(1) 表からわかる太陽系の惑星の特徴について，正しいことを述べているのはどれか。**ア**～**エ**から1つ選び，記号で答えなさい。

ア　太陽からの平均距離が大きい惑星ほど，赤道直径は大きい。
イ　太陽からの平均距離が大きい惑星ほど，公転周期は長い。
ウ　太陽からの平均距離が大きい惑星ほど，質量は大きい。
エ　太陽からの平均距離が大きい惑星ほど，平均密度は大きい。

□□□ 57%

(2) 太陽系の惑星は，地球型惑星と木星型惑星に分けることができる。木星型惑星と比較したときの地球型惑星の特徴を，質量と平均密度に着目して簡潔に書きなさい。〈栃木県〉

2

右の図は，静止させた状態の地球の北極の上方から見た，太陽，金星，地球の位置関係を示した模式図である。金星が図の**A**，**B**，**C**，**D**の位置にあるとき，日本のある地点で，金星，月，太陽の観測を行った。金星の観測には天体望遠鏡も用いた。

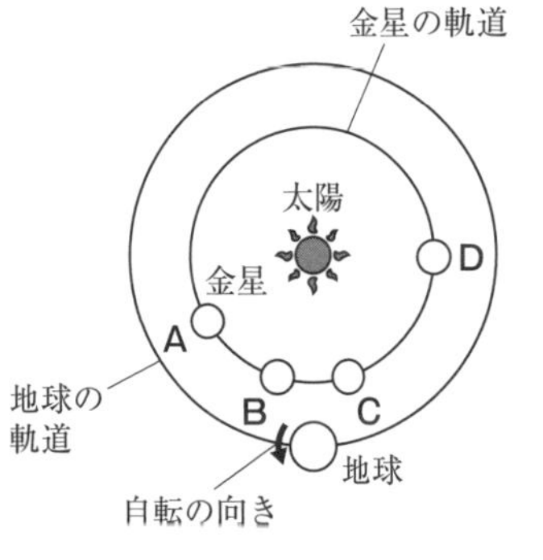

□□□ 77%

(1) 太陽のまわりを回る天体について説明した文として適切なものを，次の**ア**～**エ**から1つ選んで，その記号を書きなさい。

ア　金星の公転周期は，地球の公転周期より長い。
イ　地球の北極の上方から見ると，月は地球のまわりを時計まわりに公転している。
ウ　太陽，月，地球の順に，一直線に並ぶとき，月食が起こる。
エ　月は真夜中でも観測できるが，金星は真夜中には観測できない。

□□□ 71%

(2) 図の**A**，**B**，**C**，**D**の位置での，金星の見え方について説明した文の組み合わせとして適切なものを，あとの**ア**～**カ**から1つ選んで，その記号を書きなさい。

①**A**，**B**，**C**，**D**で，金星の欠け方が最も大きいのは**D**である。
②**B**，**D**で，天体望遠鏡を同倍率にして金星を観測すると，**B**のほうが大きく見える。
③**A**，**C**では，金星のかがやいて見える部分の形は同じである。
④**C**，**D**では，明け方の東の空で金星が観測できる。

ア　①と②　**イ**　①と③　**ウ**　①と④
エ　②と③　**オ**　②と④　**カ**　③と④

〈兵庫県〉

月の運動と見え方

例題

正答率 絶対落とすな!! 81%

右の図は，太陽と月，地球の位置関係を模式的に示したものであり，◐印A～Hは，月の位置を示している。日食が起こるときの月の位置として，最も適当なものを，A～Hから選びなさい。 〈北海道〉

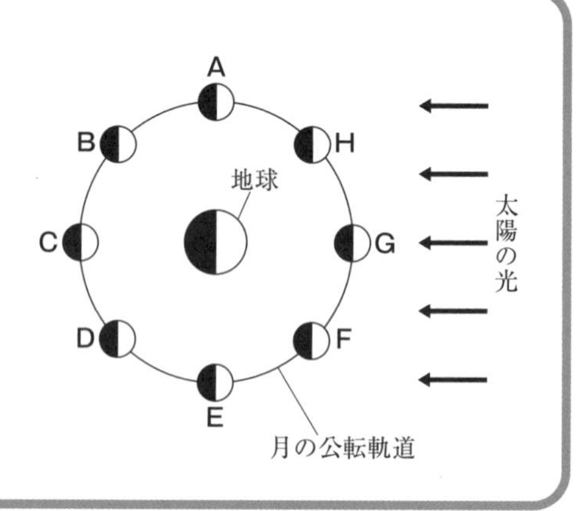

解き方・考え方

太陽の直径は月の直径のおよそ400倍で，地球から太陽までの距離は地球から月までの距離のおよそ400倍なので，地球から見ると，太陽と月はほぼ同じ大きさに見える。そのため，地球，月，太陽の順に一直線上に並んだとき，太陽の一部または全体が月にかくされて見えなくなる日食が起こる。月の公転面が地球の公転面に対して5°ほど傾いているため，ふつうは地球，月，太陽の順に並んでも一直線にならず新月になる。

解答 G

入試必出！ 要点まとめ

■月

- 地球のまわりを公転する唯一の衛星。
- 太陽の光を反射してかがやいている。
- 新月→三日月→上弦の月→満月→下弦の月→新月の順に満ち欠けする。
- 上弦の月は日の入りごろ，満月は真夜中，下弦の月は日の出ごろ南中する。
- 満ち欠けの周期は約1か月（約29.5日）である。

■日食・月食

- **日食**…太陽－月－地球の順に一直線に並んだときに，地球から観測すると，太陽の全体または一部が月によって見えなくなる現象。一直線に並んでいないときは新月になる。
- **月食**…太陽－地球－月の順に一直線に並んだときに，地球から観測すると，月が地球の影に入るために月の全体または一部が見られなくなる現象。一直線に並んでいないときは満月になる。

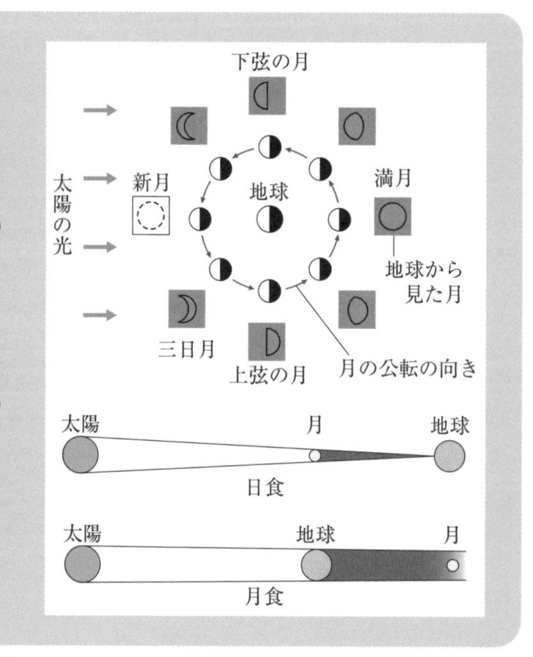

実力チェック問題

解答・解説 別冊 P. 15

1

久志(ひさし)君は，月の形と位置の変化を調べるために，家の近くで，観測を行った。

79%
(1) 月のように，惑星のまわりを公転している天体を何というか。

60%
(2) 右の図は，久志君が観測を始めた日の記録である。久志君がこの１時間後に，同じ場所から観測すると，月の見える位置は変化していた。その理由と１時間後の月の見える位置について，次の**ア**～**エ**から適切なものを１つ選び，記号で答えなさい。

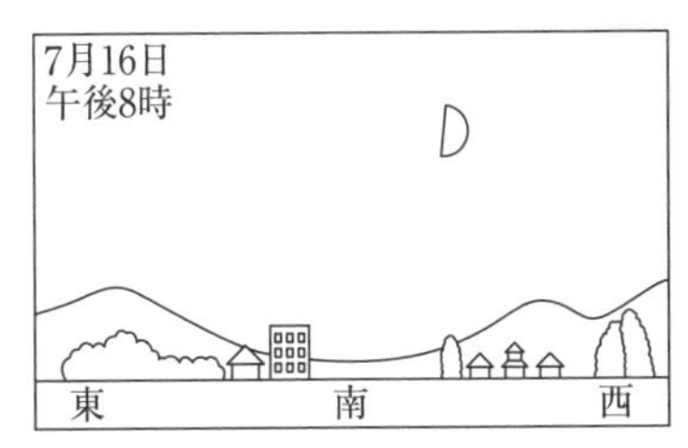

ア　地球が東から西へ自転しているため，月が東に移動して見えた。
イ　地球が東から西へ自転しているため，月が西に移動して見えた。
ウ　地球が西から東へ自転しているため，月が東に移動して見えた。
エ　地球が西から東へ自転しているため，月が西に移動して見えた。

〈宮崎県〉

2

けんいちさんは，８月29日が満月であることを知り，８月29日から９月２日までの高知県のある地点において，月の出る時刻や月の位置の変化のようすを観測した。**表１**は８月29日に観測した月の出たときのようすをまとめたものであり，**表２**は８月30日から９月２日までの観測結果から月の出た時刻をまとめたものである。

表１

スケッチ	観測結果	
東　　東南東	月日	8月29日
	時刻	18時38分
	形	ほぼ円形

表２

月　日	時　刻
8月30日	19時22分
8月31日	20時04分
9月1日	20時46分
9月2日	雨のため観測できなかった。

62%
(1) 図は，太陽と地球に対する月の位置関係を模式的に表したものである。図中の**A**，**B**，**C**，**D**は月の位置を示している。けんいちさんが観測した８月29日に，月はどの位置にあるか。最も適切なものを，図中の**A**～**D**から１つ選び，その記号を書きなさい。

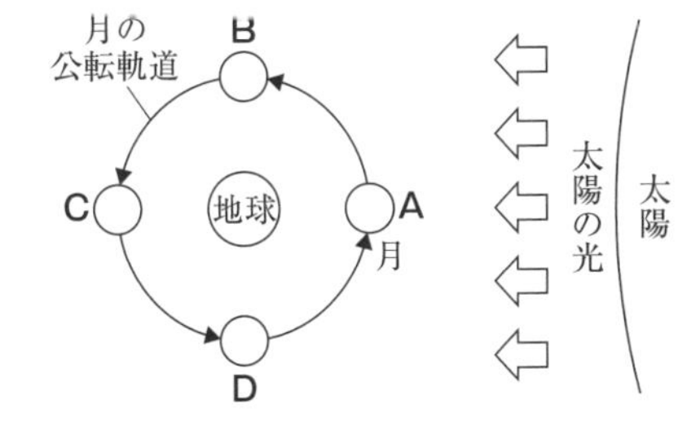

53%
(2) **表２**の観測結果から，観測を終えた翌日の９月３日の月の出る時刻として最も適切なものを，次の**ア**～**エ**から１つ選び，その記号を書きなさい。

ア　20時46分ごろ　　**イ**　21時28分ごろ
ウ　22時10分ごろ　　**エ**　22時52分ごろ

〈高知県〉

自然界のつり合い

例題

正答率
絶対落とすな!! (1) 96%
(2) 75%

アメリカのカイバブ平原では，1900年代の初めから，草食動物であるシカを保護する目的で，肉食動物のオオカミ，コヨーテ，ピューマをとらえ続けた。その結果，グラフのようにシカの数が変化した。自然界では，植物や動物は，食べる・食べられるの関係によりつながっていて，つり合いが保たれる。しかし，肉食動物をヒトがとらえ続けたことで，一時的にシカの数はふえたが，1923年ごろからシカの数が減り始めた。シカの数が減った理由は，シカの数がふえたことにより［ A ］，死ぬシカが多くなったからだと考えられる。

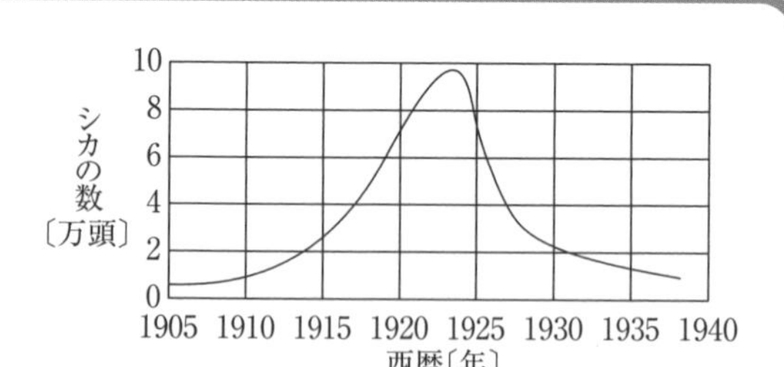

(1) 下線部の，食べる・食べられるの関係によるつながりを何というか。

(2) ［ A ］にあてはまる言葉を，下線部をふまえて，簡潔に書きなさい。

〈山形県〉

解き方・考え方

(1) 自然界における，食べる・食べられるの関係によるつながりを食物連鎖という。

(2) この地域で起こった生物の変化を順に書き出してみよう。
①シカを食べる肉食動物の数が減った。
②シカの数がふえた。
③シカがえさとする植物の量が減った。
④えさが足りなくなり，シカの数が減った。
よって［ A ］には，シカのえさとなる植物の数量が減ったことがわかる語句を入れればよい。

解答 (1) 食物連鎖
(2) (例) シカのえさとなる草などが不足し

入試必出! 要点まとめ

■ 食物連鎖での数量関係

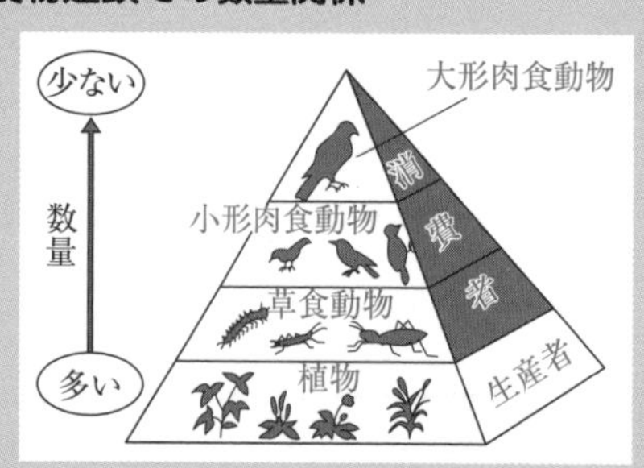

■ 自然界における炭素の循環

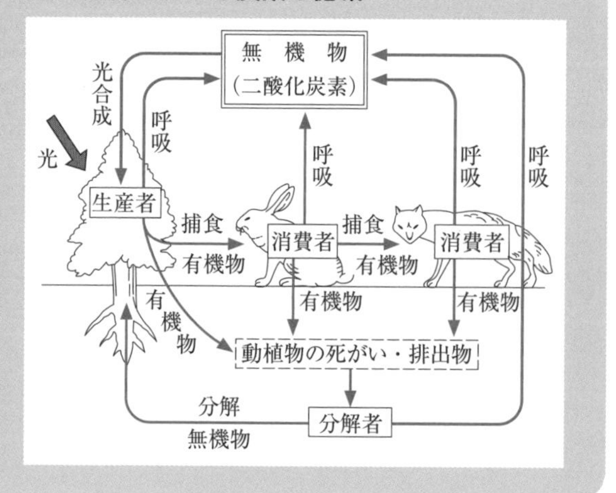

実力チェック問題

解答・解説 別冊 P. 15

1

土の中の微生物のはたらきを調べるため，雑木林の落ち葉の下の土を採取し，Ⅰ～Ⅳの手順で実験を行った。

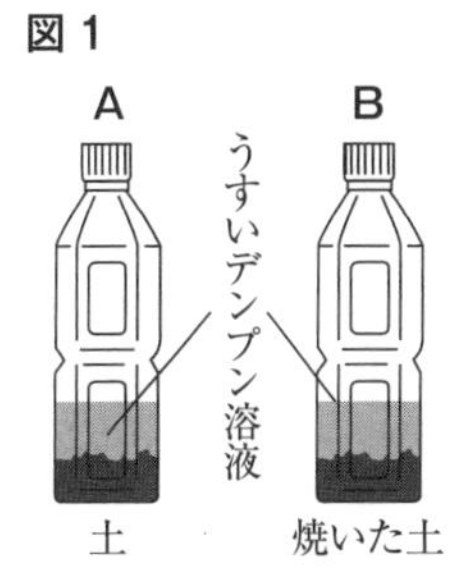

図1

Ⅰ 2本のペットボトルA，Bを用意し，Aには採取した土100gを入れ，Bには<u>a採取した土100gを十分に焼いて入れた</u>。次に，**図1**のように，うすいデンプン溶液200cm^{3}をそれぞれのペットボトルに入れ，ふたをしめて3日間置いた。

Ⅱ その後，ペットボトル中の二酸化炭素の濃度を測定したところ，Aでは，空気中の濃度より高くなっていたが，Bでは，空気中の濃度と変わらなかった。

Ⅲ 次に，それぞれのペットボトルの中の上澄み液を，少量ずつ試験管にとり，ヨウ素液を加えたところ，<u>bAの液は変化がなかった</u>が，Bの液は青紫色に変わった。

Ⅳ さらに，それぞれのペットボトルの中の上澄み液を，少量ずつ試験管にとり，ベネジクト液を加えて加熱したところ，<u>cAの液は赤褐色に変化した</u>が，Bの液は変化がなかった。

70% (1) Ⅰで，下線部aについて，採取した土を十分に焼いた目的を書きなさい。

54% (2) Ⅲ，Ⅳで，下線部b，cのことからわかるAの中のデンプンの変化を書きなさい。

(3) **図2**は，自然界における炭素の循環を模式的に表したものである。図中の矢印→は有機物の流れを，また矢印⇒は無機物の流れを表している。

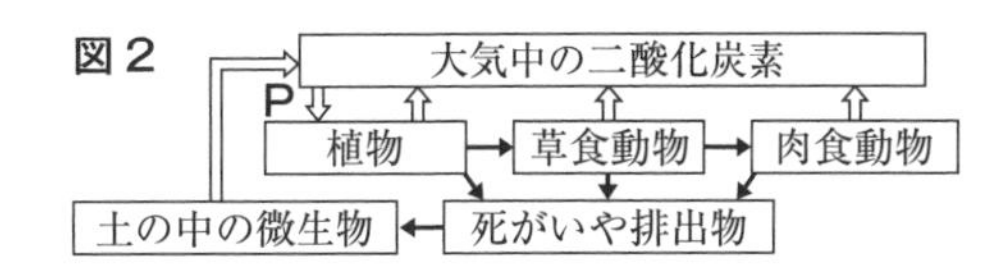

図2

絶対落とすな!! (3)① 85% ①Pで示される流れは，植物の何というはたらきによるものか。

絶対落とすな!! (3)② 81% ②自然界で植物を生産者というのに対し，土の中の微生物などを何というか。

〈新潟県〉

2

66% 右の図は，生態系における炭素の循環を表したものである。生態系において生物の数量（生物量）のつり合いがとれた状態のとき，生物A，生物B，生物Cの数量（生物量）の大小関係と，生態系における生物Dの名称を組み合わせたものとして適切なのは，次の表のア～エのうちではどれか。

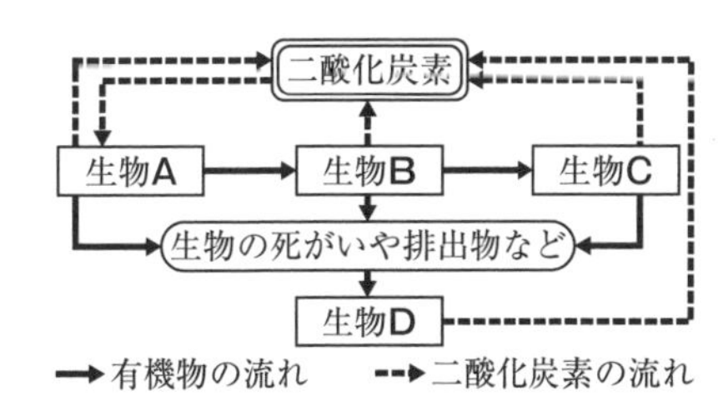

	生物A，生物B，生物Cの生物の数量（生物量）の大小関係	生態系における生物Dの名称
ア	生物A＞生物B＞生物C	生産者
イ	生物A＞生物B＞生物C	分解者
ウ	生物C＞生物B＞生物A	生産者
エ	生物C＞生物B＞生物A	分解者

〈東京都〉

自然環境の調査と環境保全

例題

正答率 69%

次の□は，Kさんが友人といっしょに川にすむ生物について調べ，まとめたレポートの一部である。このレポートから，A地点，B地点における川の水の汚れの程度はどのようであると考えられるか。ア～エの中から1つ選び，記号で答えなさい。

観察日　7月20日
天　気　晴　れ
〔調査地点〕
中学校　A
家　川
B

〔調査方法〕川底の石の表面や石の下，水草の根もと，砂や泥の中にいる水生生物を採集した。
〔調査結果〕

地点	多く採集した水生生物
A	セスジユスリカの幼虫 アメリカザリガニ
B	カワゲラ類の幼虫，サワガニ

ア　A地点もB地点もきれいな水であると考えられる。
イ　A地点もB地点もとてもきたない水であると考えられる。
ウ　A地点はきれいな水であり，B地点はとてもきたない水であると考えられる。
エ　A地点はとてもきたない水であり，B地点はきれいな水であると考えられる。

〈神奈川県〉

解き方・考え方　川の水の汚れの程度は，そこにすむ水生生物の種類を調べることでわかる。
A地点で多く採集されたセスジユスリカやアメリカザリガニは，とてもきたない水にすむ水生生物である。また，B地点で多く採集されたカワゲラ類やサワガニは，きれいな水にすむ水生生物である。よって，A地点の水はとてもきたなく，B地点の水はきれいであると考えられるので，エが正しい。

解答　エ

入試必出！ 要点まとめ

■ 水の汚れの調査

● 水の環境によってすんでいる生物の種類が異なるので，水生生物の種類を調べる。

きれいな水	ややきれいな水	きたない水	とてもきたない水
サワガニ ヘビトンボ カワゲラ類 ヒラタカゲロウ類 ヤマトビゲラ類	ヒラタドロムシ類 カワニナ類 ヤマトシジミ イシマキガイ ゲンジボタル	タニシ類 ミズムシ シマイシビル ミズカマキリ	サカマキガイ ユスリカ類 アメリカザリガニ チョウバエ類

■ 大気の汚れの調査

● マツの葉の気孔の汚れの程度を調べる。

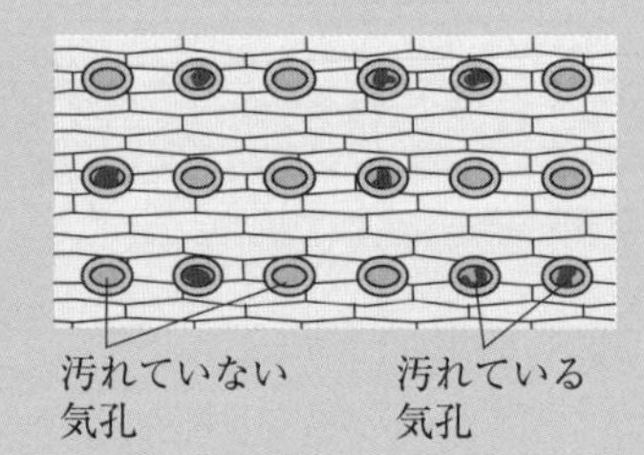

1 68%

次の【方法】で，学校周辺を流れる川の水の汚れの程度を調べた。**表1**は，水の汚れの程度とそこにすむ水生生物を示している。

【方法】①**図1**の川の上流から順に並んだa地点，b地点，c地点，d地点で，水底の石の表面や砂の中にいる水生生物を採取し，その種類と個体数を記録する。

②採取した水生生物について，記録用紙に○をつけ，最も多く採取したものには●をつける（**表2**）。

図1

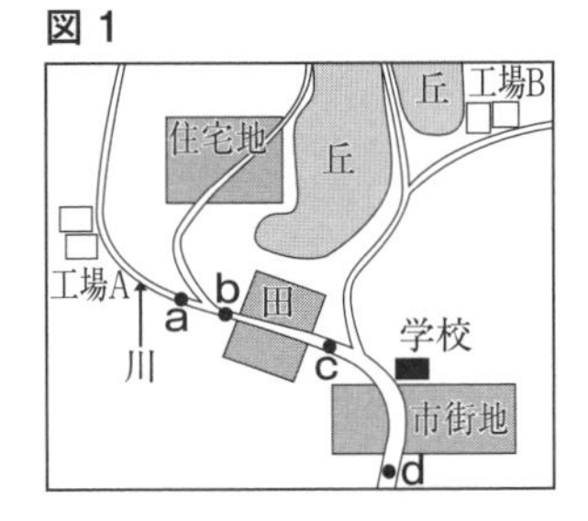

表1

汚れの程度	水生生物の名称		
きれいな水	アミカ	ナミウズムシ	カワゲラ
	ナガレトビケラ	ヒラタカゲロウ	ヘビトンボ
ややきれいな水	コガタシマトビケラ	カワニナ	ゲンジボタル
きたない水	イソコツブムシ	ミズカマキリ	ニホンドロソコエビ
とてもきたない水	アメリカザリガニ	エラミミズ	サカマキガイ

表2

水生生物の名称	a地点	b地点	c地点	d地点
ナミウズムシ	○	○		
ヒラタカゲロウ	○		○	
ヘビトンボ	○			
ナガレトビケラ	●	○	○	
コガタシマトビケラ		●	●	
カワニナ		○	○	
ニホンドロソコエビ		○	○	○
イソコツブムシ		○	○	●
エラミミズ				○

a～d地点の水の汚れの程度を説明したものとして最も適当なものを，1つ選びなさい。

ア　a，b地点では，ナミウズムシが採取されたので，水の汚れの程度は両地点ともほぼ同じ。

イ　a，b，c地点では，ナガレトビケラが採取されたので，水の汚れの程度は3地点ともほぼ同じ。

ウ　b，c，d地点では，ニホンドロソコエビとイソコツブムシが採取されたので，水の汚れの程度は3地点ともほぼ同じ。

エ　b，c地点では，ナミウズムシ，ヒラタカゲロウ以外は同じ生物が採取されたので，水の汚れの程度は両地点ともほぼ同じ。

〈佐賀県〉

2 58%

ある町の地点A～Dの周囲における住宅の密集の度合い，自動車の交通量を調べた。さらに，地点A～Dにあるマツから葉を10枚ずつとり，葉1枚あたり50個の気孔を観察した。この調査における，「住宅の密集の度合い」，「自動車の交通量」，「汚れている気孔の数」の調査結果から，最も関係が深いと考えられる組み合わせを，**ア**～**ウ**から選びなさい。また，選んだ組み合わせにおいて，2つの間には，どのような関係があるか，簡単に説明しなさい。

ア　「住宅の密集の度合い」と「自動車の交通量」

イ　「自動車の交通量」と「汚れている気孔の数」

ウ　「住宅の密集の度合い」と「汚れている気孔の数」

〈北海道〉

地点A～Dの位置と住宅の密集の度合い

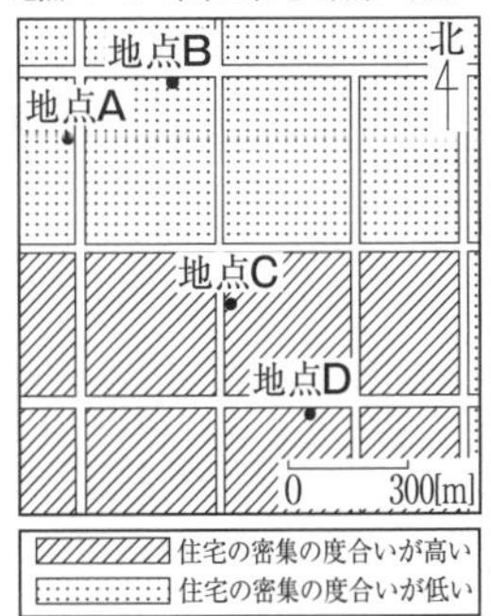

表1　自動車の交通量（台数）

調査地点	1時間あたりの交通量
地点A	37
地点B	1023
地点C	34
地点D	1016

表2　50個の気孔のうち，汚れている気孔の数

調査地点	葉10枚で平均した値
地点A	3.5
地点B	26.5
地点C	3.3
地点D	27.0

受験生の50%以上が解ける
落とせない入試問題［三訂版］
理科

実力チェック問題　解答・解説

光の反射・屈折

本冊 P. 9

解答

1 (1) 右図　(2) ウ
(3) ア
(4) (例)プールに入って足を見ると短く見える。

2 イ

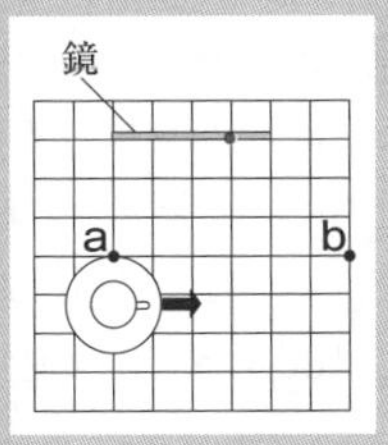

解説

1 **(1)** **a**点から出た光は，鏡で反射して**b**点に届く。このとき，光の反射の法則より，入射角＝反射角となるように反射する。**a**点と**b**点の間には6マスあるので，鏡の左はしから3マス目の位置で光は反射する。

(2) 見る位置を変えなければ，**a**点から出た光が鏡で反射する位置も**図3**の位置から少しずつ右にずれるので，**ウ**のように映る。

(3) 光が空気中からガラス中にななめに進むとき，入射角>屈折角となるように屈折する。よって，**イ**と**エ**は誤り。また，光がガラス中から空気中に進むときは，入射角<屈折角となるように屈折するので，**ウ**は誤り。

(4) プールの底が実際よりも浅く見えるなどでもよい。

2 光の反射の法則より，丸い玉から出た光の進む道すじを図にかき加えると，下の図のようになる。よって，丸い玉を観察することができるのは，**B**，**C**，**E**の3か所である。

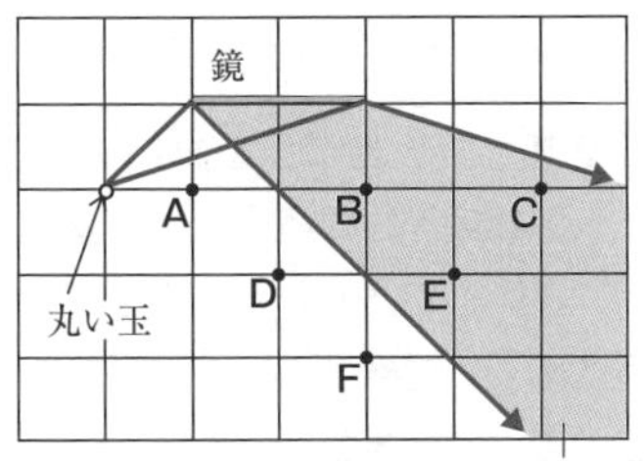

凸レンズのはたらき

本冊 P. 11

解答

1 (1) 虚像　(2) 30cm　(3) エ　**2** ウ

3

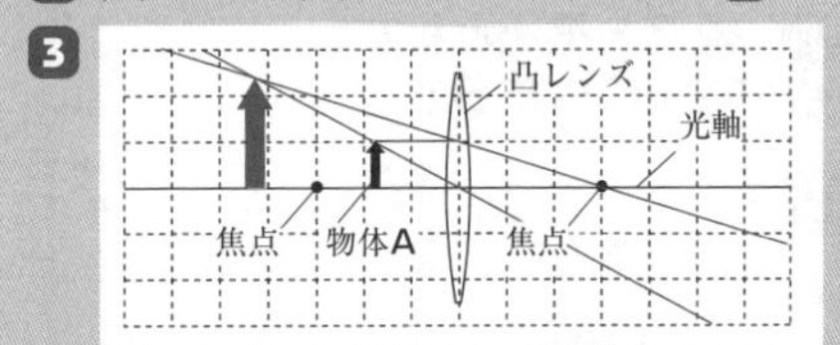

解説

1 **(2)** ろうそくを焦点距離の2倍の位置に置いているので，スクリーンと凸レンズの距離も焦点距離の2倍にする。

(3) スクリーンにはっきりと映る実像は，物体とは上下左右が逆になっている。

2 虚像は，物体よりも大きく見え，その向きは物体と同じである。

3 物体**A**の先端から出た光のうち，光軸に平行な光は，凸レンズで屈折して反対側の焦点を通る。また，凸レンズの中心を通った光はそのまま直進する。この2つの光の道すじを，物体**A**のある方向に延長させて交わった位置が虚像の先端になる。

音の性質

本冊 P. 13

解答

1 (1) 右図　(2) ウ

2 (1) (例)空気が少なくなると，音は伝わりにくくなる。(2) ウ　(3) 1360m

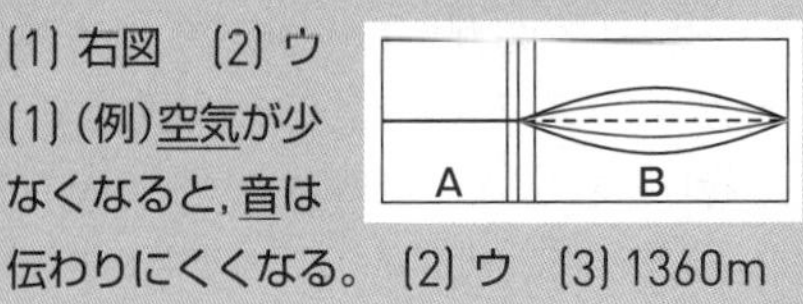

解説

1 **(1)** **図3**と**図5**を比べると，振動数は同じだが，振幅は**図5**のほうが小さい。

(2) A側のほうが弦の長さが短いので，振動数は多くなる。

2 (1) 振動を伝える物質がないと音は伝わらない。

(2) ブザーが作動していれば，ブザーの振動板に接触している発泡ポリスチレン球が動く。

(3) 音の速さ〔m/s〕＝ $\frac{音が伝わる距離〔m〕}{音が伝わる時間〔s〕}$

より，340m/s×4.0s＝1360m

電流・電圧と抵抗，電流のはたらき

解答　本冊 P. 15

1 (1) ①右図

②1.5A

(2) ウ

2 ウ

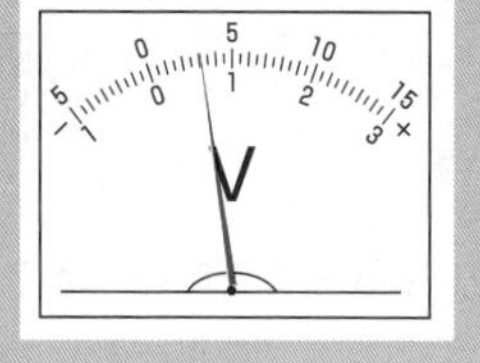

解説

1 (1) ①**図2**より，15Vの－端子を使っているので，目もりの上側の数字が電圧を表す。

②電熱線**X**の抵抗は2Ωなので，

$\frac{3.0V}{2Ω}$ ＝1.5A

(2) 直列回路では，回路全体の抵抗は各電熱線の抵抗の大きさの和に等しく，並列回路では，回路全体の抵抗の大きさは各電熱線の抵抗の大きさよりも小さくなる。よって，**図4**の並列回路で，抵抗の小さい電熱線**X**と電熱線**Y**を使ったときが最も小さくなる。

2 電流による発熱量〔J〕＝電力〔W〕×時間〔s〕より，消費電力が大きいほど発熱量も大きくなる。また，電圧100Vのコンセントは，15A以上の電流が流れると自動で電流を遮断するブレーカーにつながっているので，消費電力の合計が100V×15A＝1500W未満であれば電流が遮断されない。消費電力が1000Wの電気ストーブをつないでいるので，使用できる電気機器は，消費電力が1500W－1000W＝500W未満のものであればよい。

電流がつくる磁界，磁界の中の電流が受ける力

解答　本冊 P. 17

1 4

2 (1) a N　b S　c せまく

(2) (例)コイルに流れる電流を大きくする。

解説

1 棒磁石のまわりには，N極から出てS極に向かう向きに磁界ができる。また，磁界の向きは磁針（方位磁針）のN極の指す向きで表されるので，磁針のN極は，**図2**の**イ**の向きに少しずつ180°回転し，**E**の位置では**図3**の**エ**になる。

2 (2) コイルにはたらく力の大きさは，磁石を磁力の強いものに変えたり，コイルの巻数を増やしたりすることでも大きくできる。

電磁誘導と発電，静電気

解答　本冊 P. 19

1 ア

2 エ

解説

1 誘導電流の向きは，次の場合に逆向きになる。

・N極（またはS極）を近づけたときと遠ざけたとき。

・近づける（または遠ざける）磁石の極を反対にしたとき。

よって，棒磁石のN極とコイルを遠ざけるか，棒磁石のS極とコイルを近づけるようにするので，**D**と**E**は誤り。また，誘導電流の大きさを大きくするには，磁界の変化を大きくすればよいので，棒磁石を実験1よりもはやく出し入れしている**A**と**C**が正しい。

2 電圧を加えたときに見られた光のすじの正体は，－の電気をもつ電子で，－極から＋極に向かって移動している。光のすじは電極**X**に近いほうは細く，電極**Y**に近づくにつれて広がっているので，電極**X**から出ている。よって，電極

Xは－極，電極Yは＋極であることがわかる。また，同じ種類の電気はしりぞけ合い，異なる種類の電気は引き合う。光のすじは下のほう，つまり電極B側へ曲がっているので，電極Aは－極，電極Bは＋極である。

力のはたらき，水圧と浮力

本冊 P. 21

解答

1 (1) 5.4cm　(2) ウ　(3) 1N

2 ウ

解説

1 **(1)** てんびんが水平につり合っているので，物体Aとおもり Xの質量は等しく，270gである。ばねを引く力の大きさは物体Aにはたらく重力の大きさと等しいので，$1\text{N} \times \frac{270\text{g}}{100\text{g}} = 2.7\text{N}$

2.7Nの力でばねを引くときのばねののびを $x$cmとすると，

2.7N : $x$cm＝3N : 6cm　x＝5.4より，5.4cmである。

(2) 月面上では，物体Aにはたらく重力の大きさは地球上の6分の1になるので，物体Aがばねを引く力の大きさも6分の1になるため，ばねののびも地球上の6分の1になる。おもりXにはたらく重力も6分の1になるから，てんびんはつり合う。

(3) 質量170gのおもりYがてんびんを引く力の大きさは，$1\text{N} \times \frac{170\text{g}}{100\text{g}} = 1.7\text{N}$

てんびんが水平につり合っているので，水中にある物体Aがばねを引く力も1.7Nになる。物体Aにはたらく重力の大きさは2.7Nなので，物体Aにはたらく浮力の大きさは，

2.7N－1.7N＝1N

2 水圧は水面からの水の深さに比例するので，矢印は同じ深さでは同じ長さで，深いところほど長くなる。

力と運動①

本冊 P. 23

解答

1 ア

2 (1) 右図

(2) 64cm/s

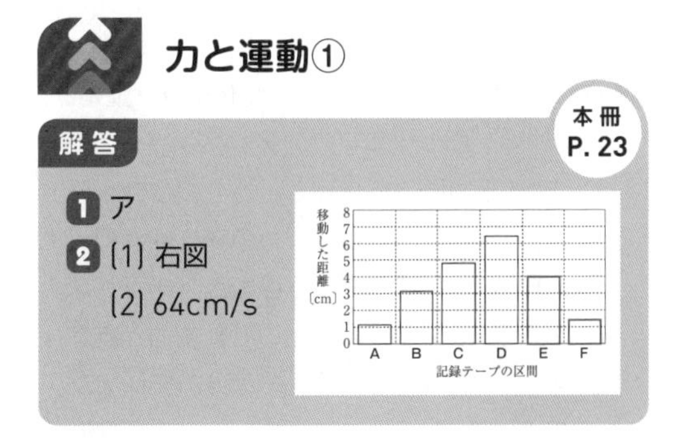

解説

1 記録タイマーで記録したテープの長さは，一定時間に台車が移動した距離を表している。図より，テープの長さはしだいにふえているので，一定時間に台車が移動した距離が長くなっていることがわかる。これは，台車の速さが時間とともに増加したからである。

2 **(1)** **図2**より，区間Eのテープの長さは4.0cm，区間Fのテープの長さは1.5cmである。

(2) この実験では，1秒間に50回打点する記録タイマーを用い，5打点ごとにテープを切りとっているので，テープ1本が表す時間は，

$\frac{1}{50}\text{s} \times 5 = 0.1\text{s}$である。よって，平均の速さは，

$\frac{6.4\text{cm}}{0.1\text{s}} = 64\text{cm/s}$

力と運動②

本冊 P. 25

解答

1 (1) 右図

(2) ①ア

②イ

③ア

2 (1) のび

(2) 右図

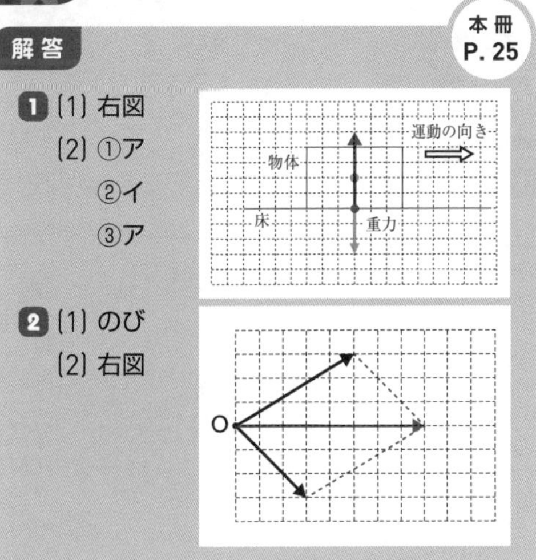

解説

❶ **(1)** 等速直線運動をしている物体には，重力と，床が物体をおす垂直抗力の2力がはたらいており，この2力はつり合っている。つり合っている2力の大きさは等しく，力の向きは反対である。重力の矢印の長さは5目もりなので，床と物体が接する面を作用点として，重力と向きが反対で，力の大きさが5目もり分の矢印をかけばよい。

(2) ①止まっていた電車のつり革は，静止し続けようとするので，**ア**の向きに動く。
②等速直線運動をしていた電車のつり革は，動き続けようとするので，**イ**の向きに動く。
③等速直線運動をしていた電車のつり革は，同じ速さで動き続けようとするので，**ア**の向きに動く。

❷ **(1)** ばねののびは，ばねを引く力の大きさに比例する。ばね全体の長さはばねを引く力の大きさに比例しないことに注意する。

(2) あたえられた2本の矢印を2辺とする平行四辺形をかくと，その対角線が合力となる。

仕事

本冊 P. 27

解答

❶ (1) 50N
(2) 35J

❷ A イ　B ウ　C 変わらない

解説

❶ **(1)** 質量100gの物体にはたらく重力の大きさが1Nなので，質量5.0kg＝5000gの物体にはたらく重力の大きさ（重さ）は，

$$1N \times \frac{5000g}{100g} = 50N$$

(2) 仕事〔J〕＝物体に加えた力の大きさ〔N〕×物体が力の向きに動いた距離〔m〕　で，Kさんは50Nのバッグを70cm＝0.7m持ち上げたので，Kさんがした仕事は，

$50N \times 0.7m = 35J$

❷ A：**図1**で糸を引く力の大きさは10.0N，動滑車を使った**図2**で糸を引く力の大きさは5.0Nなので，動滑車を使うと糸を引く力の大きさは2分の1になる。これは，2本の糸で力学台車を支えるため，1本の糸に加わる力の大きさは力学台車にはたらく重力の半分の大きさになるから。

B：動滑車を使わない**図1**で糸を引いた距離は0.15m，**図2**で糸を引いた距離は0.30mなので，動滑車を使うと糸を引いた距離は2倍になる。これは，動滑車の左右の糸をそれぞれ0.15mずつ引く必要があるから。

C：動滑車を使わない**図1**の場合の仕事の量は，

$10.0N \times 0.15m = 1.5J$

動滑車を使った**図2**の場合の仕事の量は，

$5.0N \times 0.30m = 1.5J$

力学的エネルギーの保存

本冊 P. 29

解答

❶ ア　❷ 2　❸ 3

解説

❶ 位置エネルギーは，そりが斜面を下るとともに運動エネルギーへと移り変わる。

❷ まさつや空気の抵抗を考えないとき，力学的エネルギー（位置エネルギーと運動エネルギーの和）の大きさは常に一定である。また，位置エネルギーと運動エネルギーは互いに移り変わるので，位置エネルギーのグラフを上下さかさまにした**2**が運動エネルギーのグラフとなる。

❸ 同じ高さからはなす前，おもり**A**，**B**は同じ大きさの位置エネルギーをもつ。**ア**の位置にあるとき，おもり**A**は位置エネルギーがすべて運動エネルギーに変わっているが，おもり**B**が基準面より高い**エ**の位置にあるとき，運動エネルギー以外に位置エネルギーももっている。よって，㋐>㋓。**イ**の位置と**エ**の位置は基準面から同じ高さなので，おもり**A**とおもり**B**は同じ大きさの位置エネルギーをもっている。よって，運動エネルギーの大きさも等しいので，㋑＝㋓。**ウ**の位置と**オ**の位置では，おもり**A**とおもり**B**がもつ運動エネルギーは0なので，㋒＝㋔＝0。

気体の発生と性質

解答 本冊 P. 31

❶ ア 空気　イ 小さい　ウ 水上置換法
　エ 水素　オ 酸素　カ 窒素
❷ エ

解説

❶ **ア，イ**：中の気体が空気よりも密度が小さいからである。
ウ：実験①のように，試験管内の水と気体を置換しながら集める方法を水上置換法という。
エ：マッチの火を近づけたとき，気体自体が音をたてて燃えるのは水素である。
オ：マッチの火を近づけたとき，マッチの炎が大きくなったのは，気体にものを燃やすはたらきがあるからなので，酸素である。
カ：残った窒素と二酸化炭素のうち，空気より密度が大きいのは二酸化炭素なので，ボンベ**D**の気体が二酸化炭素，ボンベ**C**の気体が窒素。

❷ アンモニアは，20℃の水1000cm^3に702000cm^3とけ，空気の約0.6倍の密度である。

水溶液の性質

解答 本冊 P. 33

❶ (1) ア
　(2) 右図

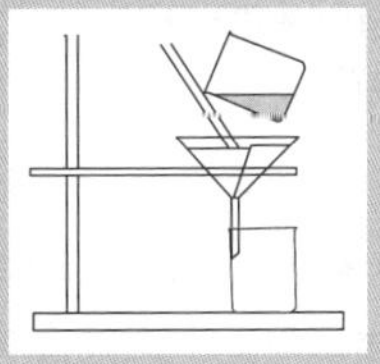

❷ (1) C
　(2) ①C　②A

解説

❶ **(1)** 水溶液の質量は，10.0g＋2.0g＝12.0g 溶質はとけてもなくならない。
(2) ろ過するときには，ろうとの先の長いほうをビーカーの壁につける。

❷ **(1)** 60℃の水150gに120gの物質をとかすということは，60℃の水100gに$120g \times \frac{100g}{150g}$＝80gの物質をとかすのと同じことなので，グラフから，60℃のときに80g以上とける物質をさがす。
(2) 温度による溶解度の差が大きい物質ほど，多くの結晶が出てくる。

状態変化

解答 本冊 P. 35

❶ エ
❷ (1) 右図

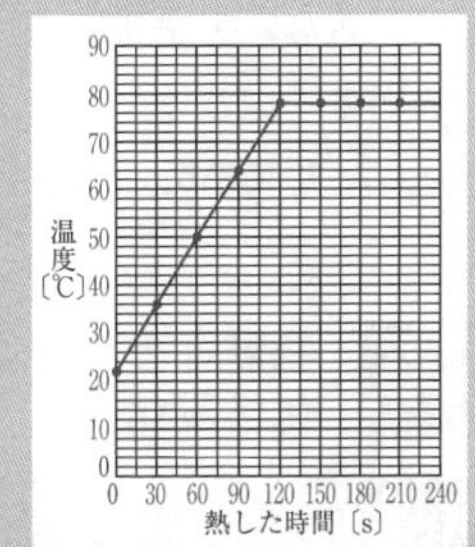

　(2) 沸点：78.0℃
　　理由：(例)熱し続けても温度が変わらないから。
　(3) 蒸留
　(4) (例) エタノールと水の混合物を熱すると，先に，沸点の低いエタノールを多く含んだ気体が出てくるから。

解説

❶ 水の中から激しく気体が発生し続けている状態を沸騰という。このとき発生し続けている気体は，水が状態変化した水蒸気である。また，液体が沸騰して気体に変化する温度を沸点という。

❷ **(4)** 水の沸点は100℃，エタノールの沸点は78℃である。よって，水とエタノールの混合物を熱すると，沸点の低いエタノールが先に気体となって出てくる。

物質の分解

解答 本冊 P. 37

❶ (1) (例) できた液体が加熱部分に流れて試験管Aがわれないようにするため。
　(2) 水上置換法　(3) CO_2　(4) 水
　(5) アルカリ性
❷ (1) ①P　②S　(2) ア Ag_2O　イ O_2

解説

1 **(3)** 石灰水を白くにごらせる性質をもつのは二酸化炭素（CO_2）である。

(4) 塩化コバルト紙は水の有無を検出する試験紙で，水にふれるとうすい赤(桃)色になる。

(5) フェノールフタレイン溶液は，アルカリ性で赤色になる。炭酸水素ナトリウムを加熱してできる固体は炭酸ナトリウムである。

2 **(1)** 酸化銀を加熱すると，銀と酸素に分解される。銀などの金属には，電流が流れる，たたくとうすく広がる，こすると金属光沢が出るなどといった特有の性質がある。

物質どうしが結びつく化学変化

解答　本冊 P. 39

1 (1) ウ　(2) (例) うすい塩酸に入れる。
(3) ア 酸化鉄　イ さび

2 (1) 硫化鉄　(2) $Fe + S \longrightarrow FeS$

解説

1 **(2)** 化学変化によって反応前の物質とはちがう性質をもつ物質ができるので，加熱後の物質が鉄ではないことを確かめる方法を答えればよい。

(3) **ア**：スチールウールを加熱すると，空気中の酸素と結びついて酸化鉄ができる。

イ：鉄板などの金属でできたものを空気中に長く放置しておくと，空気中の酸素とゆっくり結びつき，さび（酸化鉄）ができる。

2 **(2)** 鉄（Fe）と硫黄（S）が結びついて硫化鉄（FeS）ができる。

酸化と還元

解答　本冊 P.41

1 (1) 酸化マグネシウム　(2) a MgO　b C

2 (1) (例)みがくと金属光沢が見られる性質。のばしたり，広げたりできる性質。
(2) a Cu　b CO_2
(3) (例) 酸化物が酸素を失う化学変化。

解説

1 **(1)** マグネシウムが空気中の酸素と結びついて，酸化マグネシウムができる。

(2) マグネシウムのほうが炭素よりも酸素と結びつきやすいので，二酸化炭素は還元されて炭素になり，マグネシウムは酸化されて酸化マグネシウムになる。

2 **(1)** 金属には，電流が流れる，こすると金属光沢が出る，たたくとうすく広がるといった特有の性質がある。

(2) 酸化銅と炭素の混合物を加熱すると，酸化銅(CuO)は還元されて銅(Cu)になり，炭素(C)は酸化されて二酸化炭素（CO_2）になる。

化学変化と質量の保存

解答　本冊 P.43

1 (a) ウ
(b) 質量保存

2 右図

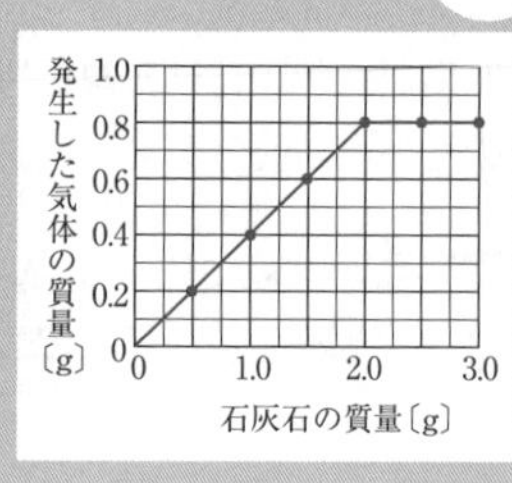

解説

1 化学変化の前後で，物質をつくっている原子の組み合わせは変わるが，原子の種類と数は変わらない。

2 塩酸と石灰石を反応させると，気体の二酸化炭素が発生する。質量保存の法則より，反応の前後で物質全体の質量は変わらないが，ペットボトルのふたを開けると，二酸化炭素が空気中に逃げてしまうため，逃げた二酸化炭素の分だけ，反応後の物質全体の質量が小さくなる。逃げた二酸化炭素の質量＝発生した二酸化炭素の質量と考えると，発生した気体の質量は，ふたを開ける前の質量〔g〕－ふたを開けたあとの質量〔g〕 で求められる。ただし，ペットボトル**E**，**F**では石灰石が一部とけ残っていて，発生した気体の質量は，ペットボトル**D**と同じになる。

質量変化の規則性

本冊 P. 45

解答

1 (1) 5：4

(2) 右図

(3) 3.5g

2 (1) (例) 皿が十分に冷えた

(2) 右図

(3) 3：2

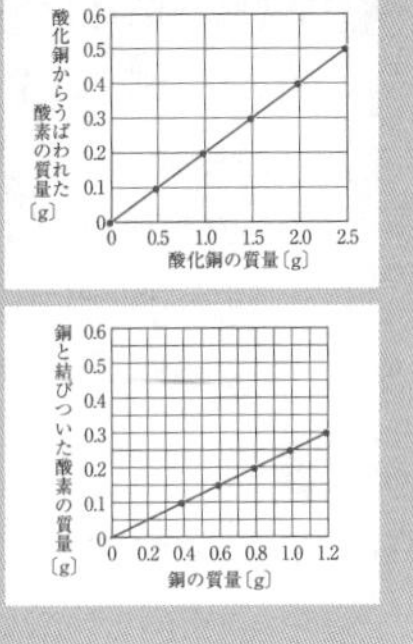

解説

1 **(1)** **図2**より，酸化銅2.5gからできた赤色の物質(銅)は2.0gなので，もとの酸化銅の質量とできた赤色の物質の質量の比は，

2.5g：2.0g＝5：4である。

(2) 酸化銅から失われた酸素の質量〔g〕＝酸化銅の質量〔g〕－できた赤色の物質の質量〔g〕

(3) **(2)**のグラフより，もとの酸化銅の質量と失われた酸素の質量の比は，5：1とわかる。求める酸化銅の質量をxgとすると，

xg：0.7g＝5：1　x＝3.5より，3.5gである。

2 **(1)** 加熱直後の皿は大変熱いので，やけどをしないように気をつけなければならない。

(2) 銅と結びついた酸素の質量は，酸化銅の質量〔g〕－銅の質量〔g〕　で求められる。

(3) 酸化マグネシウム2.00gに含まれるマグネシウムの質量は1.20g，酸素の質量は2.00g－1.20g＝0.80gなので，

1.20g：0.80g＝3：2

水溶液とイオン

本冊 P. 47

解答

1 (1) (例) 電流を流しやすくするため。

(2) 電解質

(3) エ

2 燃料電池

解説

1 **(1)** 乾燥したろ紙には電流が流れないので，結果に影響をあたえない中性の電解質の水溶液で湿らせる。

(3) 銅原子が電子を2個失って陽イオンの銅イオンになる。

2 ①で水を電気分解すると，電源装置の－極側につないだ電極**A**からは水素，＋極側につないだ電極**B**からは酸素が発生する。②では，①で発生した水素と酸素が結びついて水ができる。このときに電気エネルギーがとり出されてオルゴールが鳴る。このように，水の電気分解とは逆の化学変化を利用する電池を燃料電池という。燃料電池の反応では，水だけが生じて有害な排出ガスが発生しないため，環境に対する悪影響が少ないとされる。

酸・アルカリとイオン

本冊 P. 49

解答

1 (1) 青色　(2) H_2

2 (1) 30.0cm³　(2) ①ウ　②ア

解説

1 **(1)** アンモニアが水にとけたアンモニア水はアルカリ性を示す。BTB溶液は酸性で黄色，中性で緑色，アルカリ性で青色になる。

(2) マグネシウムリボンを入れて気体が発生するのは酸性の水溶液である。よって，水溶液**B**はうすい塩酸である。また，このとき発生する気体は水素 (H_2) である。

2 **(1)** グラフより，塩酸**A**液5.0cm³を中性にするのに必要なうすい水酸化ナトリウム水溶液の体積は10.0cm³なので，

$$10.0\text{cm}^3 \times \frac{15.0\text{cm}^3}{5.0\text{cm}^3} = 30.0\text{cm}^3$$

(2) ①メスシリンダーの目もりを読むときは，液面の最も低い位置を読むので，**ウ**が正しい。

②塩酸**B**液25.0cm³を中性にするのに必要なうすい水酸化ナトリウム水溶液の体積を$x$cm³とすると，

$15.0cm^3 : 5.0cm^3 = 25.0cm^3 : x cm^3$
$x = 8.33\cdots$ より，$8.3cm^3$　実験2ではうすい水酸化ナトリウム水溶液を$10.0cm^3$まで加えたので，ビーカーの水溶液は，酸性（黄色）→中性（緑色）→アルカリ性（青色）と変化している。

エネルギー資源

解答　本冊 P. 51

1 化石燃料
2 風力，太陽光，地熱，バイオマスなどから1つ。
3 エ
4 イ

解説

2 化石燃料を燃やしてエネルギーを得る火力発電などでは，大量の二酸化炭素が発生し，地球温暖化の原因の1つと考えられている。そのため，風力発電や太陽光発電など，二酸化炭素の発生をともなわず，安定して使用できる再生可能なエネルギー資源に期待が寄せられている。

3 **ア**：太陽光発電では光エネルギーを電気エネルギーに変換するので，誤り。
イ：風のもつ運動エネルギーによって発電するため，風が吹かないと発電できないので，誤り。
ウ：燃料電池は，水素と酸素が結びつくことで，化学エネルギーを電気エネルギーに変換するので，誤り。

4 **ア**：水力発電では，高いところにある水のもつ位置エネルギーを利用してタービンを回しているので，誤り。
ウ：化学かいろは，鉄が酸素と結びつくときに発生する熱を利用したものなので，誤り。
エ：燃料電池は，水の電気分解と逆の化学変化を利用したもので，反応によって生じるのは水だけで，二酸化炭素は発生しないので，誤り。

花のつくりとはたらき

解答　本冊 P. 53

1 名称…（例）イチョウなど
特徴…（例）胚珠がむき出しになっている。
2 (1) 柱頭
(2) アおしべ，花弁，がく　イ胚珠
ウ（例）なかまをふやす

解説

1 被子植物の胚珠は子房の中にあるのに対して，裸子植物には子房がなく胚珠がむき出しになっている。裸子植物のなかまには，イチョウ，マツ，スギ，ソテツなどがある。

2 **(2)** 被子植物では，花の中心に1本のめしべがあり，その外側におしべ，花弁，がくがある。また，子房の中には成長して種子となる胚珠がある。めしべの柱頭に花粉がつく（受粉する）ことでなかまをふやす。

植物のなかま

解答　本冊 P. 55

1 (1) ①主根　②ひげ根
(2) イ
(3) 1…2　2…双子葉　3…1　4…単子葉
2 (1) ②エ　④ウ
(2) A ア　B ウ　C イ

解説

1 **(1)** ホウセンカの根は，主根と側根からなる。また，トウモロコシの根は，ひげ根からなる。
(2) 赤く染まったのは道管である。ホウセンカの茎の維管束は輪状に並んでおり，道管は茎の維管束の内側を通っているので，**イ**が正しい。

2 タンポポ，イチョウ，イネは種子をつくり，スギナ，ゼニゴケは種子をつくらないので，①には「種子をつくる」が入る。タンポポとイネは被子植物，イチョウは裸子植物なので，②には「子房がある」が入り，**C**はイチョウである。

スギナは葉，茎，根の区別があるが，ゼニゴケは葉，茎，根の区別がないので，③には「葉，茎，根の区別がある」が入る。タンポポは子葉が2枚，イネは子葉が1枚なので，④には，「子葉が2枚ある」が入り，**A**はタンポポ，**B**はイネである。

動物のなかま

解答 本冊 P. 57

❶ (1) (例) 背骨をもつ動物
(2) ア，エ (順不同)
(3) 胎生
(4) イ
❷ 節足

解説

❶ **(2)** カメはは虫類に分類される。は虫類の体表は，うろこやこうらでおおわれ，一生肺で呼吸し，卵生である。
(3) なかまのふやし方には，親が卵をうみ，卵から子がかえる卵生と，母親の体内である程度育ってから子がうまれる胎生がある。
(4) コウモリは前あしが翼になっているが，哺乳類に分類される。

❷ 節足動物には，昆虫類や甲殻類などの動物以外に，クモやムカデ，ヤスデなどがいる。

葉・茎・根のつくりとはたらき

解答 本冊 P. 59

❶ (1) ウ
(2) ア
❷ (1) (例) 気孔をふさぐため。
(2) ア

解説

❶ **(1)** 気孔は2つの三日月形の孔辺細胞 (**イ**) に囲まれたすきま (**ウ**) である。
(2) 根から吸収された水や水にとけた養分は，道管を通って全身に運ばれる。光合成によって葉でつくられた栄養分は師管を通って全身に運ばれる。道管を通って葉まで運ばれた水は，気孔から水蒸気となって空気中へ出ていく。この現象を蒸散という。

❷ **(2)** 何も処理しなかった**A**は減った水の量が多かったが，葉をすべてとった**D**は水の量がほとんど変わらなかったので，葉が吸水に関係すると考えられる。
また，葉の裏側にワセリンを塗った**B**に比べて葉の表側にワセリンを塗った**C**のほうが減った水の量が多かったので，葉の裏側のほうが葉の表側よりも吸水に関係していることがわかる。

光合成と呼吸

解答 本冊 P. 61

❶ (1) 酸素 (2) 呼吸
❷ (1) ア
(2) ①(例) 白い部分の細胞に葉緑体がないから。
②(例) 光が当たらなかったから。

解説

❶ 植物を暗室に置くと，酸素をとり込み二酸化炭素を出す呼吸のみを行う。

❷ **(1)** ふ入りのアサガオの葉もモヤシも，日光の当たらないところでは呼吸のみを行う。呼吸では，酸素をとり込み二酸化炭素を出すので，袋**B**，袋**D**には二酸化炭素が多く含まれていると考えられる。二酸化炭素を石灰水に通すと，石灰水は白くにごるので，**ア**が正しい。
(2) 光合成を行うには，葉緑体と光が必要である。①袋**A**の葉の白い部分の細胞には葉緑体がないので，日光が当たっても光合成は行われなかった。②袋**B**の緑色の部分には葉緑体はあるが，日光が当たっていないので，光合成は行われなかった。

生命を維持するはたらき

解答　本冊 P. 63

❶ (1) 肺胞　(2) イ，エ (順不同)
❷ (1) ブドウ糖　(2) 67倍　(3) 肝臓
❸ ①ア　②イ　③イ

解説

❶ **(2)** ヒトは肺で酸素を血液中にとり入れるので，肺を出た血管**イ**と心臓からからだの細胞に向かう血管**エ**を流れる血液が酸素を多く含んでいる。

❷ **(1)** 表の「血液に含まれる割合」と「尿に含まれる割合」から考える。尿に含まれる割合が0.00%のブドウ糖がすべて再び吸収されたものである。
(2) $\frac{2.00}{0.03}=66.6\cdots$　よって，67倍である。
(3) 有害なアンモニアは，肝臓で害の少ない尿素に変えられ，腎臓でこし出されて尿となる。

❸ ①タンパク質を分解するのは，胃液，すい液に含まれる消化酵素と，小腸の壁から出る消化酵素である。
②③脂肪は脂肪酸とモノグリセリドに分解されたあと，小腸の柔毛で吸収されて再び脂肪となり，リンパ管に入って運ばれる。

刺激と反応

解答　本冊 P. 65

❶ (1) 感覚神経
(2) (例) (皮膚で受けとった刺激の信号が) 脊髄に伝えられ，命令の信号が脊髄から直接，筋肉に伝わるから。
(3) イ
❷ (1) 末しょう神経　(2) エ

解説

❶ **(1)** 皮膚などの感覚器官で受けとった刺激の信号を脊髄に伝えるのは，感覚神経である。
(2) 反射では，脳以外から命令の信号が出る。
(3) 無意識に起こる反応を選ぶ。

❷ **(1)** 多くの神経が集まった脳や脊髄は，判断や命令などを行う重要な役割を担っていて，中枢神経と呼ばれる。中枢神経から枝分かれして全身に広がる感覚神経や運動神経などを，末しょう神経という。
(2) **ア**は耳小骨，**イ**は外耳道，**ウ**は鼓膜，**エ**はうずまき管である。音の刺激を電気的な信号に変える感覚細胞はうずまき管にあり，信号は感覚神経を通して脳に送られる。

生物と細胞，細胞分裂と生物の成長

解答　本冊 P. 67

❶ (1) エ　(2) イ　(3) E→C→D→B
❷ (1) 記号…B
理由…(例) 葉緑体が含まれているから。
(2) (例) 染色液を滴下してプレパラートをつくる。

解説

❶ **(1)** タマネギで細胞分裂がさかんに行われているのは，**エ**の根の先端付近である。
(2) うすい塩酸に浸すと，細胞どうしを結びつけている物質がとけて，細胞がはなれやすくなる。
(3) 染色体のようすに注目して並べかえる。**E** (現れ) →**C** (中央) →**D** (分かれ) →**B** (仕切り)

❷ **(1)** 葉の細胞のうち，葉緑体をもつのは表皮の内側の細胞と，気孔のまわりの孔辺細胞だけである。よって，葉緑体のある細胞**B**が表皮の内側の細胞とわかる。
(2) 無色の核は，酢酸オルセイン液や酢酸カーミン液などの染色液で染めて観察する。

生物のふえ方，遺伝，進化

解答　本冊 P. 69

❶ (1) ①ウ　②イ　(2) 顕性
❷ 相同器官

解説

1 **(1)** ①子葉の色を黄色にする遺伝子はYなので，子葉が黄色の純系の種子では，Yが対になって存在している。
②精細胞は生殖細胞である。減数分裂によって，対になっていた遺伝子が分かれて別々の生殖細胞に入るので，子葉が緑色の種子をつくる純系のエンドウの花粉からのびた花粉管の中にある精細胞はyを1つもつ。

(2) 対立形質をもつ純系どうしをかけ合わせたとき，子葉が黄色の種子のように子に現れる形質を顕性の形質，子葉が緑色の種子のように子に現れない形質を潜性の形質という。

火山活動と火成岩

本冊 P. 71

解答

1 エ

2 (1) ①斑晶
②(例) マグマが地表や地表近くで急に冷えて固まってできた。
(2) 等粒状組織
(3) エ

3 (1) イ　(2) a 弱(または，小さ)　b ゆるやか

解説

1 マグマのねばりけが弱いと，おだやかな噴火をして傾斜のゆるやかな形の火山になる。

2 **(1)** ①火山岩は，比較的大きな鉱物である斑晶と，小さな鉱物の集まりやガラス質の部分である石基からなる。
②成長した鉱物ができたマグマが地表や地表近くで急に冷えて石基ができる。

(2) 深成岩のつくりは，マグマが地下深くでゆっくり冷えて固まってできる等粒状組織である。

(3) カクセン石，カンラン石，キ石は有色鉱物である。

3 **(1)** 火山灰に含まれる鉱物を観察するときは，少量の火山灰に水を加え，親指の腹でよくおし洗いし，残った粒を乾燥させてから観察する。

(2) 問題文中に「雲仙普賢岳の火山灰より黒っぽかった」とあるので，雲仙普賢岳よりもマグマのねばりけが弱く，おだやかな噴火をしてできた傾斜のゆるやかな火山と考えられる。

地震の伝わり方と地球内部のはたらき

本冊 P. 73

解答

1 (1) 15時12分17秒
(2) 右図
(3) 5.7km/s

2 (1) イ
(2) 記号…ア
理由…(例)Nのほうが初期微動継続時間が短いから。

初期微動継続時間〔秒〕 (0, 4, 8, 12, 16, 20)
震源からの距離〔km〕 (0, 40, 80, 120)

解説

1 **(1)** 表より，P波は地点Aと地点Bの距離の差80km－40km＝40km進むのに，15時12分31秒－15時12分24秒＝7秒かかっている。したがって，震源で岩石が破壊されて地震が発生した時刻は，震源からの距離が40kmの地点AにP波が到達した時刻の7秒前になるので，
15時12分24秒－7秒＝15時12分17秒

(2) 初期微動継続時間は，S波の到達した時刻とP波の到達した時刻の差である。よって，各地点の初期微動継続時間は，次のようになる。
地点A：
15時12分29秒－15時12分24秒＝5秒
地点B：
15時12分41秒－15時12分31秒＝10秒
地点C：
15時12分53秒－15時12分38秒＝15秒

(3) P波は40km進むのに7秒かかっているので，その速さは，
$\frac{40\text{km}}{7\text{s}} = 5.71\cdots$　よって，5.7km/s

2 **(1)** 図2の4つの・を直線で結び，震源からの距離が0kmの横軸と交差する点が地震の発生時刻である。

(2) 図3の小さなゆれは初期微動，大きなゆれは主要動を表している。また，小さなゆれの長さは初期微動継続時間を表す。初期微動継続時間は，震源からの距離が遠いほど長くなるので，小さなゆれの長い地点**M**のほうが震源から遠いと考えられる。震源から遠ければ，その分ゆれ始めの時刻は遅くなる。

地層の重なりと過去のようす

本冊 P. 75

解答

1 (1) 示相化石
(2) オ

2 (1) 火山の噴火
(2) エ
(3) 右図

解説

1 **(1)** 堆積した当時の環境を推定できる示相化石には，限られた環境でしか生存できない生物の化石が適している。一方，地層ができた時代を知る手がかりとなる化石を示準化石という。

(2) 凝灰岩（**A**）は火山の噴火によって噴出した火山灰などが堆積して固まったもので，流れる水のはたらきを受けないので，角ばった鉱物の結晶からできている。石灰岩（**B**）にうすい塩酸をかけると二酸化炭素が発生する。チャート（**C**）は非常にかたく，ハンマーでたたいても傷がつかず，鉄が削れて火花が出るほどである。

2 **(1)** 軽石は火山噴出物の1つなので，**d**の層が堆積した当時，火山の噴火（火山活動）があったと考えられる。

(2) サンゴは示相化石の1つであり，あたたかくて浅い海で生息している。

(3) **C**地点の地表からの深さ6mのところが，海面からの高さ154mなので，154〜150mの層は**b**の砂の層である。さらに，**A**地点の地層を参考にすると，海面からの高さが154mの地点では，地表からの深さ0〜5mは**b**の砂の層，5〜7mは**c**のれきの層，7〜8mは**d**の軽石の層，8〜10mは**e**の砂とれきの層になる。

圧力と大気圧

本冊 P. 77

解答

1 a ウ　b ア

2 2.5倍

解説

1 a 正方形板がスポンジをおす力は，おもりにはたらく重力の大きさに等しい。

b 圧力〔Pa〕$= \dfrac{\text{面を垂直におす力〔N〕}}{\text{力がはたらく面積〔m}^2\text{〕}}$ で求められるので，正方形板がスポンジをおす力の大きさが等しければ，力のはたらく面積が小さいほど圧力は大きくなる。

2 圧力は力がはたらく面積に反比例するので，板がレンガによって受ける圧力は，**A**の面を下にして置いたときは**B**の面を下に置いたときの $\dfrac{10\text{cm} \times 6\text{cm}}{4\text{cm} \times 6\text{cm}} = 2.5$ より，2.5倍になる。

霧や雲の発生

本冊 P. 79

解答

1 (1) イ
(2)（例）山頂は気圧が低いので菓子袋の中の空気が膨張して袋がふくらむから。

2 (1) ア
(2) ①イ　②ウ　③カ　④飽和水蒸気量

解説

1 **(1)** **図2**より，気温20℃における飽和水蒸気量は約17.5g/m^3である。よって，**A**点の空気の湿度は，$\frac{7g/m^3}{17.5g/m^3} \times 100 = 40$より，40%

(2) 標高が高くなると気圧が下がるので，菓子袋の中の空気が膨張して，袋がふくらむ。

2 **(1)** ビーカー内の空気や丸底フラスコの底に変化が見られたのは，空気中に含まれていた水蒸気が水滴となって出てきたからである。よって，ビーカー内の空気や丸底フラスコの底に見られた変化の大きいものほど，水や氷に状態変化した水蒸気の量が多いと考えられる。

(2) ①ビーカー**A**内の水の温度は約15℃，ビーカー**B**内の水の温度は約30℃である。水の温度が高くなると，水面から蒸発する水蒸気の量は多くなる。

②ビーカー**C**にのせた丸底フラスコには氷と水，食塩が入っているので，ビーカー内の空気の温度が低くなり，凝結する（水蒸気が水滴になる）水蒸気の量は多くなる。

③④空気1m^3中に含むことのできる最大の水蒸気量を飽和水蒸気量という。飽和水蒸気量は，空気の温度が高いほど大きい。

前線の通過と天気の変化，日本の天気

本冊 P. 81

解答

1 (1) イ
(2) ①寒冷前線
②ア 暖気　イ 積乱　ウ 下がる

2 (1) シベリア気団
(2) 西高東低

解説

1 **(1)** 晴れの日の気温と湿度は逆の変化をする。

(2) ①**図2**より，9時から15時の間に寒冷前線（▼—▼）が通過したことがわかる。

②寒冷前線付近では，寒気が暖気の下に入り込んで，暖気をおし上げながら進む。そのため，上昇気流が生じて積乱雲が発達する。また，寒冷前線の通過後は気温が急に下がる。

2 **(1)** 図の高気圧はシベリア高気圧で，冬の時期に，冷やされた大陸上で成長する。シベリア高気圧の中心付近では，冷たく乾燥したシベリア気団ができる。

(2) 西の大陸上に高気圧，東の太平洋上に低気圧があるので，西高東低の気圧配置と呼ばれる。西高東低は冬によく見られる気圧配置である。夏の代表的な気圧配置は，南高北低（南に高気圧があり，北に低気圧がみられる）である。

日周運動と自転

本冊 P. 83

解答

1 (1) 金星…低くなる　オリオン座…低くなる
(2) 日周運動

2 (1)（例）円の中心にくる　(2) エ　(3) イ

解説

1 **(1)** 日没後に西の空に見えた金星は，その後西の空へ沈んでいくので，高度は低くなる。また，オリオン座などの星座をつくる星は，1時間で約15°東から西へ移動して見えるので，南西にあったオリオン座の高度は低くなる。

2 **(1)** 太陽の位置を透明半球上に記録するときは，サインペンの先の影が観測者の位置である円の中心にくるようにする。

(2) 太陽の動きを透明半球上に記録したとき，1時間ごとに太陽が移動する距離は同じになる。午前8時40分から午前9時40分までの1時間で太陽は透明半球上を2.5cm移動したのだから，日の出から日の入りまでの時間は，

$$\frac{37cm}{2.5cm/h} = 14.8h$$

(3) 1回目に太陽の動きを調べたのは夏至に近い日で，太陽は真東より北寄りからのぼり，真西より北寄りに沈む。これに対して，2回目に太陽の動きを調べた秋分に近い日には，太陽は真東からのぼり，真西に沈む。また，季節による太陽の1日の動きはほぼ平行なので，**イ**が正しい。

年周運動と公転

解答　本冊 P. 85

❶ (1) C
(2) ウ
(3) エ

❷ (1) 夏至の日の太陽の動き…C
日の出，日の入りの時刻…イ
(2) (例) 地球の地軸が公転面に垂直な方向に対して傾いたまま公転しているため。

解説

❶ **(1)** 地軸の北極側が太陽と反対の方向に傾いている**C**が，冬至の日の地球の位置である。
(2) 地球の自転の向きは，天の北極側から見て反時計まわりなので，**Y**の向きである。また，南の空に見える星は，東から西へと移動する。
(3) 真夜中の1時に南の空にふたご座が見えるのは，地球が**C**にある冬至のころである。地球の公転の向きより，3か月後の春分のころ，地球は**D**にある。このとき，真夜中の1時に南の空に見えるのは，地球から見て太陽と反対の方向にあるおとめ座である。

❷ **(1)** 北半球では，夏至の日の太陽は真東より北寄りの位置から出て，真西より北寄りの位置に沈む (**図1**の**C**)。**A**は冬至，**B**は春分・秋分のときの太陽の動きを表している。
また，**図2**で，夏至の日は6月21日ごろ(**イ**)で，昼間の長さが最も長くなる。**ア**は春分の日，**ウ**は秋分の日，**エ**は冬至の日である。

太陽のようす

解答　本冊 P. 87

❶ (1) Ⅰ 気体　Ⅱ 恒星
(2) (例) まわりよりも温度が低いから。
(3) イ
(4) c

❷ (1) (例)(ファインダーに)ふたをしておく。
(2) ウ

解説

❶ **(1)** 太陽は非常に高温のガス (気体) からできている。また，太陽のように自ら光りかがやく天体を恒星という。
(2) 黒点が黒く見えるのは，まわり (表面の温度約6000℃) よりも温度が低い (約4000℃) からである。
(3) 太陽の像は東から西へ移動していくように見えるので，**エ**の方向が西である。
(4) 下線部**a**は地球の自転，下線部**b**，下線部**d**は太陽の自転による現象。

❷ **(1)** 太陽を直接天体望遠鏡で見ると大変危険なので，必ずファインダーにふたをすること。
(2) 太陽の像が時間とともに移動するのは，地球が自転しているからである。

惑星と恒星

解答　本冊 P. 89

❶ (1) イ
(2) (例)質量は小さく，平均密度は大きい。

❷ (1) エ　(2) オ

解説

❶ **(1)** **ア**，**ウ**：赤道直径と質量は，木星が最も大きいので誤り。**エ**：平均密度は地球が最も大きいので誤り。
(2) 地球型惑星とは，水星，金星，地球，火星のことであり，木星型惑星とは，木星，土星，天王星，海王星のことである。これらの質量と平均密度を表から読みとると，地球型惑星の質量は小さく，平均密度は大きいことがわかる。

❷ **(1)** **ア**：金星の公転周期 (0.62年) は，地球の公転周期 (1.00年) より短いので誤り。**イ**：地球の北極の上方から見ると，月は地球のまわりを反時計まわりに公転しているので誤り。**ウ**：太陽，月，地球の順に，一直線に並ぶとき，日食が起こるので誤り。
(2) ①**D**は金星の欠け方が最も小さいので誤り。③**C**のほうが**A**よりも大きく欠けて見え，**A**は右側，**C**は左側がかがやいているので誤り。

月の運動と見え方

解答

本冊 P. 91

1 (1) 衛星　(2) エ

2 (1) C　(2) ウ

解説

1 **(1)** 月は，地球のまわりを公転する唯一の衛星である。水星や金星には衛星がないが，そのほかの太陽系の惑星には衛星がある。

(2) 地球は，地軸を中心に1日に1回，西から東へ自転しているため，天球上のすべての天体は，東から西へ1日に1回転しているように見える。

2 **(1)** 月は太陽の光を反射してかがやいている。問題の図では，右側から太陽の光が当たっているので，地球から見ると，**A**は新月，**B**は上弦の月，**C**は満月，**D**は下弦の月になる。

(2) 8月31日の月の出た時刻は8月30日より
20時04分－19時22分＝42分遅くなり，
9月1日の月の出た時刻は8月31日より
20時46分－20時04分＝42分
遅くなっているので，1日に42分遅くなることがわかる。よって，9月1日の2日後の9月3日に月の出る時刻は，
20時46分＋42分×2＝22時10分

自然界のつり合い

解答

本冊 P. 93

1 (1) (例) 土の中の微生物がはたらかないようにするため。

(2) (例) デンプンが分解し，ブドウ糖などができた。

(3) ①光合成　②分解者

2 イ

解説

1 **(1)** 採取した土を十分に焼くと，土の中の微生物が死んでしまい，はたらかなくなる。

(2) 下線部**b**より，**A**ではデンプンがなくなったことがわかる。また，下線部**c**より，**A**ではブドウ糖などができたことがわかる。

(3) ①植物は，光合成によって二酸化炭素をとり込み，酸素を出す。

②土の中の微生物などは，植物や動物の死がいや排出物などの有機物を，呼吸によって無機物に分解する。このはたらきに関係している生物は，分解者とよばれる。

2 一般に，生産者である生物**A**（植物）の数量が最も多く，消費者である生物**B**（草食動物），生物**C**（肉食動物）の順に数量が少なくなる。生物**D**は，生物の死がいや排出物などから栄養分を得ている分解者である。

自然環境の調査と環境保全

解答

本冊 P.95

1 エ

2 組み合わせ…イ

説明…(例) 自動車の交通量の多い地点では，汚れている気孔の数が多い。

解説

1 **a**地点の水生生物はすべて「きれいな水」にすむ。**b**地点と**c**地点には「ややきれいな水」の水生生物が多い。**d**地点には「きたない水」の水生生物が多い。よって，**a**地点の水が最もきれいで，**b**地点と**c**地点の水の汚れの程度はほぼ同じぐらいで，**d**地点の水が最もきたない。

2 住宅の密集の度合いが高いのは地点**C**と地点**D**，低いのは地点**A**と地点**B**，自動車の交通量が多いのは地点**B**と地点**D**，少ないのは地点**A**と地点**C**なので，「住宅の密集の度合い」と「自動車の交通量」はあまり関係がない。**表1，2**より，「自動車の交通量」の多い地点**B**，地点**D**において，「汚れている気孔の数」が多くなっていることが読みとれる。また，地点**B**の住宅の密集の度合いは低いが，地点**D**の住宅の密集の度合いは高いので，「住宅の密集の度合い」と「汚れている気孔の数」にはあまり関係がない。